写给全人类的
数学魔法书 修订版

大人のための
数学勉強法

〔日〕永野裕之 著

李俊 译

北京日报出版社

图书在版编目（CIP）数据

写给全人类的数学魔法书 /（日）永野裕之著；李
俊译 . — 北京：北京日报出版社，2020.9（2023.10 重印）
　　ISBN 978-7-5477-3691-3

　　Ⅰ．①写… Ⅱ．①永… ②李… Ⅲ．①数学－普及读
物 Ⅳ．① O1-49

中国版本图书馆 CIP 数据核字（2020）第 117508 号
北京版权保护中心外国图书合同登记号：01-2020-3946

写给全人类的数学魔法书

出版发行：北京日报出版社
地　　址：北京市东城区东单三条 8-16 号东方广场东配楼四层
邮　　编：100005
电　　话：发行部：（010）65255876
　　　　　　总编室：（010）65252135
印　　刷：三河市京兰印务有限公司
经　　销：各地新华书店
版　　次：2020 年 9 月第 1 版
　　　　　　2023 年 10 月第 3 次印刷
开　　本：710 毫米 ×1000 毫米　　1/16
印　　张：14
字　　数：200 千字
定　　价：45.00 元

目 录

序言

为什么你学不好数学？

第 1 部

应该怎样学数学？

第 2 部
在解题之前应该掌握的知识

不错,在这种情况下……

嗯嗯

第3部
遇到任何数学题都能够解答的10种解题思路

第 4 部
综合习题——10 种
解题思路的运用

为什么你学不好数学?

学好数学的窍门

当你翻开这本书的时候，我就能想象得到，学生时代的你，数学成绩一定不怎么样，你在数学方面一定很自卑：

"我没有数学方面的才能。"

或者，你会这么认为：

"数学好的人＝有才智、有灵感的人。"

认为自己和他们不是一个世界的人？

这种想法是错误的！

数学家秋山仁老师在他的著作《爱上数学》当中，关于"报考理工大学所需要的能力"说了这样 4 句话：

（1）把自己的鞋子都收拢起来，放到指定的鞋箱子里面；

（2）遇到不明白的字词，要拿出辞典查一查；

（3）学会做咖喱饭（不会的话可以照着食谱学）；

（4）绘制一张从家到最近车站的地图。

为什么这样说？

"因为你只要做到以上 4 点，就具备了报考理工大学所必备的能力。"

上述 4 件事情分别代表了 4 项基本能力：

（1）掌握了对应概念

能够把左右两只鞋子都放到相对应的鞋箱子里面，就说明你掌握了一对一的概念。

（2）能够理清顺序关系

比如"book"这个单词，b 是 26 个英文字母当中的第 2 个字母，下一个字母 o 在 n 的后面，在 p 的前面……也就是说你掌握了 26 个英文字母的顺序关系。

（3）能够对事情的步骤进行整理、实行和观察

准备食材，按照步骤烹饪，并且能够对整个烹饪的过程进行观察。

（4）抽象能力的表现

能够将三元空间的景象，用二元平面的方式绘制，去除不必要的部分，保留必要的信息，这就是一种抽象能力的表现。

上述 4 项基本能力是几乎每个人都具备的。由此可见，除了那些想要成为数学家，并且能够引领数学界未来的天才之外（这样的人想必也不会看我这本书的），一般的人，无论是想要报考理工大学也好，还是处理在实际工作当中遇到的数学问题也罢，都不需要什么特别的"数学才能"。

那么，为什么你的数学不好呢？恕我直言，**并不是因为你没有这方面的才能，而是因为你所掌握的学习方法是错误的。**

我在这本书当中，将对如何掌握正确的学习方法进行阐述。掌握了这套学习方法，你不但能够学好数学，而且能学得轻松愉快。这套学习方法实际上是把高中时期的我自己作为教学目标，用约 20 年的指导经验加以研究得出的，而实际的学习效果已经被很多学生给证实了。用我这套学习方法，在短短的几个月之内，数学成绩从全班垫底到全年级第二名的例子不在少数。他们都这样告诉我：

"这套学习方法的作用，已经达到了不可思议的程度！"

"我从来没想过如此轻松愉快地学数学！"

数学差生也能当数学家

实际上，我也不是什么科班出身的数学专家，本科是在东京大学读的地球行星物理专业，后来是在宇宙科学研究所读的研，此后也没有在本专业领域内发展，而是想成为一名古典音乐指挥家，后来又参与到西餐厅的经营策划当中去，现如今开了一家名叫"永野数学私塾"的针对性指导培训学校，并担任校长。由此可见，我的人生经历是曲折多变的，然而唯一保持不变的就是我在"数学方面

的教育工作"。从刚上大学开始我就担任家庭教师，一直到现在担任数学私塾的校长，前前后后约 20 年，有针对性地指导了一批又一批的学生。我虽然不是数学专业出身，但自认为是数学教育方面的专家。

其实，回想中学时代的我……那时候的数学成绩是绝对谈不上优异的，远远低于全班平均成绩的情况也不是一次两次了。我初中的时候沉迷于棒球，高中的时候沉迷于音乐，学习成绩一直就在班级下游徘徊。这种状态一直持续到高中 2 年级的冬天（是不是有些迟了！），我意识到：

"不能再这样下去了！"

虽然拿出了这样的信念，但是和周围的同学比起来，我实在是落后得太多太多了，而且这个时候离高考已经不远了，同学们也全都开始认真读书。这种情况下，我意识到：

"仅仅是和大家保持一样的学习进度是不行的。有没有那种一下子就能打个翻身仗的，超级厉害的学习方法呢？"另外，我还在想：

"能不能找到一种轻松愉快的学习方法？"

当时我是这么想的：要是在高考之前这一年多里，反复遭受着做习题、考试，考试、做习题的这种学习方法的折磨，那么我是坚决受不了的。

学好数学就靠方法

当我试着寻找一种适合自己的学习方法的时候，突然想到了这么一点：

"为什么人们总是对小说和电影的情节念念不忘呢？"

仅仅是读了一遍，看了一遍，就能够从头到尾把故事当中发生的每一件事按照顺序说出来，这是不是很厉害？为什么小说和电影当中的情节那么轻松就记住了？如果能够把这种"原理"运用到数学的学习当中去，想必会有很好的效果，并且让人学得轻松愉快。一想到这里，我就忍不住兴奋起来。

"无需死记硬背""抓住故事的梗概""学会将所学的知识教给别人"……这就是我在这本书当中将要介绍给大家的"数学学习法"的几个关键点。

正因为我找到了适合自己的学习方法，数学成绩才有了显著提高，最终我才考上了东京大学的一类理科，并且，在上了大学之后，这种学习方法仍旧发挥出了强大作用，此后的分科选考（东京大学在学生本科二年级的时候，会有一次比入学考试更加严格的专业课"分科选考"）和考研都如同我所期望的那样顺利地通过了。

成年人为什么还要学习数学？

当我还在做家庭教师的时候，就已经开始给成年人教数学了。一开始在收学生的时候，我就没有特意限制年龄，没想到竟有成年人来报名。从那以后，凡是成年人来报名我就一概不拒绝。直到现如今，我更是开办了"成人数学班"，专门教成年人数学，并且，还要告诉他们成年人为什么要学习数学，这也是我在教学过程当中发现的别具趣味性的地方。

"都这么大人了，再来学数学还能有什么用？"

有这种想法的成年人不在少数。（啊，正在读这本书的你想必不是这么想的！）的确，数学当中所涉及的向量啊、指数函数啊、三角函数等等，在日常的生活当中都用不上。然而，几乎所有的国家都把数学这门课列入义务教育的计划当中，这是为什么呢？

因为**通过对数学的学习，可以培养一个人的逻辑判断能力（即数学的思考能力），也就是说，能够让人有条理地来分析事情**，而掌握了逻辑判断分析的能力之后，可以让别人接受自己的意见，也可以理解别人所提出的不同的意见。

此外，当你在解决人际关系上的纠纷，工作上的烦恼以及环境问题等各种问题的时候，都必须要找到解决线索，这就需要你具有逻辑判断分析的能力，抓住问题的关键点并加以验证和定性，能够客观地分析和对待所遇到的问题，并且，在问题得到解决之后，能够将具体的事情加以抽象分析，从而得出经验，并根据经验归纳出合适的解决办法，以后再遇到类似问题的时候能够以此为参考加以解决。这就是学习数学真正的用意。

就拿日常生活当中的事情来说，音响的接线就要用到数学，阅读家电的说明书，对旅行和工作上的事情进行安排和计划，这些也都需要数学。学习数学并不是为了能够解答练习册上的数学题，更是为了提高逻辑判断能力，提高在社会生存当中所需要的"智力"。成年人在工作生活当中，应该能够更深切地体会到学数学的必要性。

重新感受数学的魅力

遗憾的是，学生们并不能认识到学习数学真正的用意，也不会有感而发主动去研究数学，仅仅是为了应付一次又一次的定期测验，才死记硬背那些公式和解题方法，勉强去提高数学水平。（实际上，用这种死记硬背的方法，多半是不能提高自己的数学水平的……）**在许多学生眼里，数学已经沦落为一门死记硬背的科目。**当然了，在这种情况下，什么"逻辑判断力"之类的一点都不要谈，学习数学应有的意义已经完全丧失了。如果你在学生时代也是这样，那就更应该重新学习，借此机会找到数学真正的魅力了！如今你不需要应付考试，也可以自由安排学习时间，完全是出于兴趣爱好来学习，你对数学的认识，将会有 180 度的大转变。

学习数学不需要什么条件，只要有纸和铅笔，立马就能够开始，并且，**相对于学生来说，成年人学习数学会更加轻松**，因为成年人拥有更多的人生经验，而对于抽象的事物，要想产生具体的印象，经验可以起到很大的作用。数学的内容大部分都是抽象的，**能够把其中的"含义"和具体的"美感"相结合，这也只有成年人才做得到。**

"文科生"更要学数学

在我学校里，凡是能够在短期内提高数学水平，摆脱不擅长数学境况的学生，都有一个共同点，那就是他们的语文成绩都很好，特别是那些能够写出条理清晰的文章的人，能够把别人的发言用自己的语言来复述的人，都具有很强的逻辑判断能力和资质。只要他们掌握了正确的学习技巧，并且把这些方法和技巧都吃透了，很快，数学水平就提高了。

这是因为，人们是用语言来分析事情的，语言是逻辑判断的重要组成部分，所以在学习数学之前，语言能力是必须要掌握的关键。

很多学文科的人都会往自己身上贴标签，认为"我不是学数学的料"，实际上这是一种误解；同样，人们往往会认为数学能力和语文能力是完全相反的，这也是认知层面上很大的错误。我认为，**如果你的语文成绩好，在阅读文章和写作方面有自信，那么数学水平肯定就不会差。**

本书的使用方法

虽然在学习上下了工夫，但是数学成绩一直就提高不上去的情况，一般都发生在初三到高一这个阶段。因为在这一阶段，学生们往往靠的都是死记硬背。那么，在这本书当中，我将把从初中到高一的数学课程拿出来举例讲解（当中也会有一部分内容超出了这个范围，届时书上会有注明），从而让大家掌握正确的学习方法。

为了不让大家产生误解，我要说明一下，本书不是一本初高中数学辅导书，从书名《写给全人类的数学魔法书》就能够看出来，**这是一本告诉那些在学生时代数学不好的成年人，为什么你的数学会不好，要想学好数学应该掌握哪些学习方法的书。** 如果你读了这本书之后感觉到：

"啊，这么说的话，我觉得我也能学好数学！"

那么，根据你所要学习的深度和级别，请你再去读一读相应的数学教科书或者参考书，同时，把我写的这本书放在一旁，当你不知道该怎样学习的时候，看看这本书，也许就能找到实用的"学习技巧"。

虽说这本书是"针对成年人"的，但是我建议那些正在和数学做着殊死搏斗的高中生们也来看看，按照书上的学习方法来做，你的数学成绩肯定会有大幅度提高。拿起数学这门武器，顺利考上大学，这将不再是一个遥不可及的梦想。

这本书最大的亮点，就是第三部分的**"适用于任何数学题的 10 种解题方法"**。不是让你去死记硬背这些解题的方法，而是在解题的时候能够找到属于自己的方法。掌握了这 10 种解题方法，就像是拿到了 10 把传世宝刀一样，你几乎可以解决任何的数学问题。你在读完这本书之后，不妨自己试一试。

我希望能通过这本书，让那些数学不好的人不再感到自卑，让每一个人都能够了解数学、享受数学，从而轻松愉快地掌握数学。

第1部

应该怎样学数学?

死记硬背要不得

学数学的诀窍——"记不住"

"学习数学都有哪些诀窍啊?"

每次有人提出这个问题的时候,我都会这样回答:

"学习数学的诀窍就在于'记不住'这三个字。"

我之所以会这么说,是有深层次含义在里面的。

当人们想要记住某件事情的时候,他就不再思考了。

"为什么是这样?"

"为什么要用这种方法解题?"

"真的是这样的吗?"

因为停止了思考,像这一类的疑问也就不再产生了。

很多人一想到数学就头疼,认为学数学就是死背公式和解题方法。实际上,通过记住数学公式和解题方法来解题,这和学习数学的本意是相背驰的,这样是肯定学不好数学的。

为什么要学数学?

"为什么非得学数学呢?"

你是不是也有这样的疑惑呢?

确实,在数学当中有很大的一部分内容,像三角函数、数列、向量这些东西,都和我们日常生活联系不上。既然如此,为什么几乎所有的国家都把数学列为义务教育当中的必修科目呢?这是为什么呢?

　　我认为，提高一个人的数学水平，就是在提高一个人的逻辑判断能力。通过对数学的学习，使你能够发现事物的内在规律和本质。

　　这是精神层面上的提高和养成，使你能够有条理地去思考每一件事情，我认为这才是学习数学真正的目的，而三角函数也好，向量也好，因数分解也好，都是一种形式，其根本目的还是在于培养一个人的逻辑判断能力，如果你养成了一看到什么就想背下来的毛病，那么对逻辑判断能力的提高是有很大阻碍的。

　　为了不失去学习数学的本意，理解数学学习的本质，请不要再"死记硬背"。

　　在这里，请让我引用一段我最喜欢的爱因斯坦的名言：

　　"能忘掉在学校学到的知识，才算是教育。因为在校园里接受的只是最基础的教育，学到的只是书本上的知识。要想真正学到人生最有用的知识，就要自己去感悟，在实践中获得经验与灵感。"

数学＝枯燥乏味？

　　请你回忆一下，学生时代的你，在每次快要考试之前，是怎样学习数学的呢？

　　是不是每次都先去背那些定义、公式和解题方法，然后再大量做题？

　　像这种定期测验的题目，往往和教科书以及练习册上的题目大同小异。老师在出题的时候，考虑到的不是学生们的数学能力，而是要检测他们在这一段时间内的勤奋程度。至少，在历年的高考数学当中，你是找不出什么"新气象"的。

　　此外，强制性地去背那些数学定义和公式，它们就会失去原本的魅力，沦落为枯燥乏味的数字符号的排列。

　　没有任何用处，又没有任何意义的事情，自然就会令人觉得枯燥乏味。我想还没有哪个人能把乏味的事情做得有声有色。

不要去记解题方法

　　有没有一种既能扎扎实实地学好数学，又能在学习过程当中尽可能让人轻松愉快的方法呢？

　　答案是：有的，那就是你不要"总想着去记住它"。

也就是说，在你学习一样新东西的时候，**尽量不让自己去刻意地死记硬背，而是要找出它们背后所蕴含的"原理"。**

想必大家都知道求三角形面积的数学公式，那么我们就拿这个公式来举例子，探讨一下如何"不去刻意地记住它"。

求三角形面积的数学公式：

$$底 \times 高 \div 2$$

求三角形面积的数学公式是这样的吧？那么为什么通过这个公式就能求得三角形的面积呢？

"这个问题我倒是没有想过……"

"我上小学的时候，老师就是这么教的……"

这就是错误的数学学习方法的开端。

当然，也有人会回答：

"那是因为三角形的面积是相对应的四边形面积的一半。"

那么我又要问了：

为什么四边形的面积运算公式就是"底×高"呢？

要想回答出这个"为什么"，你就必须对计算面积的数学定义有着深刻的理解和认识。

让我们先来算一下，在下面这个图形当中，包含了多少个基准的小正方形（比如 1cm^2 的正方形）。

在下面的图片当中，每一个格子，长和宽都是 1cm。

图片上的长方形，长（底边）为 8cm，宽（高）为 5cm。

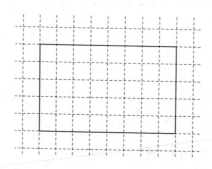

在长方形当中，横着数一排是 8 个正方形的小格子，竖着数一列是 5 个。那么，在这个长方形里面，总共有多少个正方形小格子？

$$8 \times 5 = 40 \text{ 个}$$

1 个小正方形格子的面积是 1cm^2，那么长方形的面积就是 40cm^2。

在计算长方形面积的时候，我们就能够用"底×高"的方法来计算。

那么，平行四边形又怎样计算面积呢？

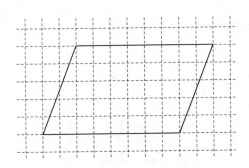

在这个平行四边形当中，有许多正方形小格子是不完整的，因此我们就很难数得出它包含了多少个。那么，我们将它进行如下变形：

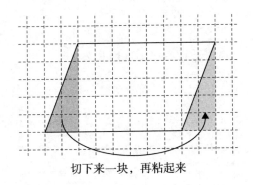

切下来一块，再粘起来

这样一来就和先前的长方形变得一样了：

$$\text{底} \times \text{高}$$

那么它所包含的小正方形的个数，很快就能算得出来。

我们再回过头来说三角形。

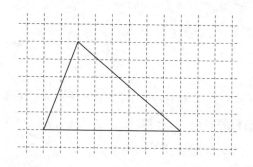

与平行四边形同样的道理，因为有许多正方形小格子是不完整的，所以我们就很难数得出它包含了多少个。如下图所示，我们将这个三角形逆向翻转过来，

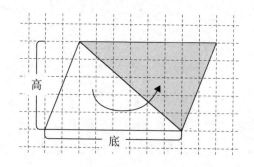

这样一来，就和之前的平行四边形是一样的了。

那么，我们就可以算出平行四边形的面积为：

$$底 \times 高$$

然而，图片当中的平行四边形是由最初的两个三角形合起来的，我们就可以得出，平行四边形的面积是最初的三角形面积的 2 倍。那么三角形的面积就应该为：

$$底 \times 高 \div 2$$

怎么样？你有什么感触没有？

这就是三角形面积公式背后的原理。如果你能够理解整个原理，那么，三角形面积公式也好，四边形面积公式也好，就没有死记硬背的必要了。同样，关于梯形的面积公式：

（上底＋下底）×高÷2

我们也可以举一反三，从而轻易地找出背后的"原理"。不仅仅如此，像这种思考方式（通过对小面积单元格的叠加计算，从而得出整体的面积），对于即将要学到的"积分"课程，想必同样会在理解上给你带来很大的帮助。

如果不想死记硬背数学定义和公式，那么在一开始，你就必须要找出它背后所蕴藏的"原理"。另外，你不能只是理解这么一个数学定义，还要搞明白它与其他的数学定义之间有着怎样的联系，这就需要你对这些原理有着全面性的掌握。

再者，当你掌握了数学公式背后所蕴含的原理的同时，好奇心也得到了极大的满足。你自然会感觉到：

"哦，原来是这么一回事！"

"还真是有意思啊！"

继而觉得其实学习数学也很有趣，这也是"不死记硬背"的学习方法所能带来的趣味性。 当你搞懂了某个数学公式背后的原理之后，想一想，如何才能活学活用，而不是刻意去死记硬背，这就是学习数学的关键诀窍。

代替死记硬背的方法

多想一想 "为什么?"

一个学生,从数学成绩不好到有所提高,必然要经过一个特殊的阶段,就是产生疑问并解答。如果你能产生疑问,那就说明你知道自己 "哪里不明白,什么地方弄不懂"。这一点是极为重要的。

在学术界有一种论文被称为观察(Survey)论文,说的是通过作者自己的观点,对某一研究领域内的研究动向进行观察、整理和评价的论文。关于该项研究,都有了哪些进展和突破?这句话也可以反过来说:在此之前,研究者们对于哪些地方还有疑惑?此后是不是都得以解决?如果用这种方式来写,那么我想这篇论文一定是成功的。为什么这样说呢?**因为当你弄明白哪些地方是你不明白的时候,就意味着答案已经离你不远了。**

"可问题是,我也不知道我哪里不明白,我好像哪里都不明白⋯⋯"

我想肯定有人会这么说。要想知道自己到底哪里不明白,有一个办法,那就是**多问问自己 "为什么?"**

小孩子就经常会问一些在大人眼里是理所当然的事情,

比如说:

"天空为什么是蓝色的啊?"

当你遇到不甚了解的事情时,会不会去试着搞清楚呢?

"啊,原来是这么一回事!"

大家不妨去试一试,不要盲目相信书上说的话,或者是老师教给你的东西,要时刻保持疑问精神，多问一问自己"这是为什么"，就像是小孩子缠着大人不停地问"为什么"一样，这是一种良好的学习习惯。

"为什么，在这个地方要做辅助线？"

"为什么，方程式要这样变形？"

"为什么，要用这种解题方法？"

从现在开始：

"啊，就这么办吧！"

"这不关我的事，这是那些数学天才要考虑的事情。"

"只要记住解题方法就好了。"

你一定不能再有这样的想法了，相反，还要不断地问自己"这是为什么，为什么要用这种方法答题"。这样一来，你不但能够搞清楚自己还有哪些地方不明白，同时也激发出了求知欲，迫切地想要知道答案，然后你可以通过上网、翻书或者问人的方式来寻找答案。如此，你就发挥出了学习的主观能动性。

学习，必须要是主动去学习。不能像是雏鸟一样，待在窝里面等着母鸟来喂食。光是等着别人来教你这是不行的。只有张开了翅膀，主动去探寻自己想要的东西，这才是长大了的鸟儿。想要知道些什么、掌握些什么，只有自己去寻找，找来的东西才真正是属于自己的。

> 顺便说一下，天空为什么看上去是蓝色的。众所周之，在太阳光当中包含了"赤橙黄绿青蓝紫"七种我们肉眼能够识别的颜色，而在这当中，蓝色光（波长较短的光）因空气的折射而扩散开来，被我们的眼睛所发觉，所以天空看上去是蓝色的。

添加"新的语意"

我经常问学生这样一个问题：

"镰仓幕府是哪一年建立的？"

学生们这样回答："我知道！'建立清平国度（日文当中与 1192 谐音）镰仓幕府'是 1192 年建立的！"

"是的，那么江户幕府又成立于哪一年呢？"

"呃……是哪一年来着？"

> 从 2006 年前后开始，历史学界的主流说法就发生了转变，认为镰仓幕府的建立时间不应该从 1192 年源赖朝担任征夷大将军的时候开始计算。实际上在 1185 年坛之浦之战胜利之后，源赖朝就掌控了全国，并且，幕府僚臣的设置也得到了天皇朝廷的承认。所以，现在几乎所有的教科书都把镰仓幕府的建立时间改在了 1185 年，就连顺口溜也都改成了"建立清平政府（日文当中与 1185 谐音）镰仓幕府"。

为什么大多数学生只能记住镰仓幕府成立的时间，却记不住江户幕府成立的时间呢？实际上在日本的历史当中，江户幕府的建立与镰仓幕府的建立是同样重要的历史事件，甚至前者比后者更为重要，学生们却只能记住镰仓幕府的建立时间，记不住江户幕府的建立时间。

这主要还是因为有"清平国度"这么一句顺口溜。当然这句顺口溜不是胡说八道的，在短短的一句话当中，它包含了一扫政治弊端，建立清平社会的执政思想在里面。通过那些以镰仓幕府时代为背景的故事以及反映当时社会情景的影视片，我们可以得知，这的确是一句不错的顺口溜。至于 1603 年江户幕府的成立，虽然也有"一片惊扰（日文当中与 1603 发音相近）"这么一句顺口溜，但是没有"清平国度"给人的印象深刻，因此也就很少有人能记得住。

这就是我要说的重点，关于"镰仓幕府的成立时间——1192 年"，你是不是印象深刻，想忘也忘不掉了？就好像是日本人当中，有谁能够忘掉桃太郎的？在学习上，这个例子给了我们这样一个启发：凡是有含义在里面的，包含了故事情节的，我们都很难忘掉它。

当我们学习新知识的时候，想一想如何才能把它和已经掌握了的知识联系起来，这样你就不容易忘掉它。要想把某一个知识单独从脑海当中提取出来并不容易，然而，如果你能把这个知识和其他的知识联系起来，那么想起来就容易得多。

这就像是钓鱼，一杆一杆地钓是要不得的，要像拉网一样，一网下去大鱼小鱼全都拽上来。

给学到的知识添加"恰当"的语意，使它和别的知识联系起来，这就是从知识到智慧的升华（关于知识和智慧的区别，我将在下一个小章节中详细说明）。

我们来举一个例子，关于一次函数的图像，大家还记得吗？我们简单地复习一下。

【一次函数】

为 x 的相关系数，当

$$y = ax + b$$

的时候，图像为直线。这个时候，a 表示斜率，b 表示与 y 轴的切线截距。

我们要掌握的知识就是：当图像为直线的时候，a 表示斜率。然而，如果将这点单独来记忆，或许用不了多久就会忘记。

为了不至于忘记，我们不妨**添加一些语意**进去。首先，斜率的表示方法有很多，在此，我们将斜率进行如下定义：

$$斜率 = \frac{高（勾）}{底（股）}$$

比如说，如下直角三角形的"斜率"为 $\frac{3}{4}$：

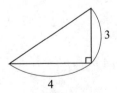

接下来，我们把这个斜率运用到一次函数的图像当中去试试看。

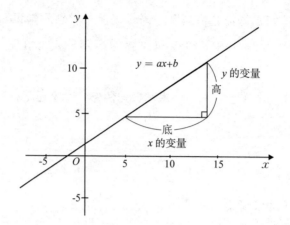

在这里，"底"为 x 的变量，"高"为 y 的变量。那么，根据图像我们可以得出：

$$斜率 = \frac{变量\ y}{变量\ x}$$

那么，当变量 x 在数值 p 到数值 q 的区间之内，会怎么样呢？

$$因为\ y = ax + b$$

所以，

$$当\ x = p\ 的时候，y = ap + b$$
$$当\ x = q\ 的时候，y = aq + b$$

在此，我们根据定义来求斜率：

$$斜率 = \frac{变量\ y}{变量\ x} = \frac{(aq + b) - (ap + b)}{q - p}$$

$$= \frac{aq + b - ap - b}{q - p}$$

$$= \frac{aq - ap}{q - p}$$

$$= \frac{a\ (q - p)}{q - p} = a$$

由此可以得出，a 的确表示斜率。

我们还可以从中得到启示：当斜率 a 为固定值的时候（与变量 x 没有关联），图像为直线。

然而这个话题并不是到此就结束了，实际上：

$$斜率 = \frac{变量\ y}{变量\ x}$$

并不仅仅只限于一次函数，在任何函数当中都可以运用得上。只不过，在一次函数之外，我们一般将它称为"平均变化率"。当变量 x 无限接近于 0 的时候，牛顿和莱布尼茨（Leibnitz）又从中得出了微分学的基本定理。

怎么样？没想到从一个简单的知识当中能引申出这么多含义吧？从初中数学当中的一次函数图像，一直联系到微分学！（我这么说可不是为了炫耀……）

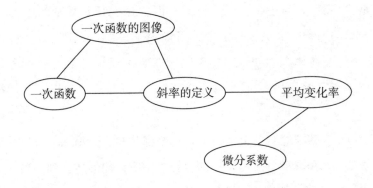

在数学当中，有许多的定义、公式和解法。如果你把它们都当做一个个单独的知识来记忆的话，等到用的时候就拿不出来了。你要想一想它们都能引申出哪些含义来，最好是能够和其他的定义、解法联系起来……这样你不仅仅能够记住所学的知识，还能够抓住它的本质。

不仅仅是"知识"，更要多一些"智慧"

在这里，我给大家介绍一下 19 世纪下半叶的著名心理学家艾宾浩斯的忘却实验。在实验的过程当中，艾宾浩斯让实验对象去记一些诸如"jor，nuk，lad"等毫无意义的字母组合。当实验对象记下来之后，经过一段时间，来检测一下这些记忆的内容有多少被遗忘了。

试验结果表明，在 20 分钟之后，实验对象忘掉了 42% 的内容，1 个小时之后忘掉了 56%，1 天之后忘掉了 74%，1 周之后忘掉了 77%，1 个月之后忘掉了 79%。

由此我们可以看出，如果你不了解数学公式和定义背后的含义，就这么死记硬背的话，那简直就是徒劳无用的事情。

"知识"和"智慧"，这两个词汇看上去好像是差不多，实际上却是完全不同的。简单说吧，**人们可能会忘掉知识，却不可能忘掉智慧。**

我们来看一下"老太太眼中的智慧"吧。"纱布蘸上盐，可以去除茶垢"，"清扫榻榻米的时候，用醋来擦拭会比较好"，这就是生活当中的"智慧"。为什么说这是"智慧"，而不是"知识"呢？因为这些都是生活当中的体验和感触。在一开始的时候，老太太肯定也是听谁说了，"纱布蘸上盐，可以去除茶垢"（在这个阶段还属于"知识"）。老太太在听了建议之后，回去肯定试了一下，有了体验和感触，"啊，确实弄干净了"，这就是从"知识"到"智慧"的升华。

在数学当中，定义也好，公式也好，这些都是知识。那么，怎样才能把知识向智慧升华呢？那就是**验证**。在验证的过程当中，你能够体会到，前辈们在发现定义和公式的时候那种惊讶和感触。自己亲自动手来验证，你就会有所感触：

"啊，真厉害。还真是这样啊！"

这种体会，就是知识向智慧的转变。

知识就仅仅是从别人那里学来的单纯的知识。但是，通过验证，体会到它的正确性之后，这就不仅仅是知识了，而变成了智慧。因此，我总是不厌其烦地对学生们说：

"请验证一下！"

直到学生们的耳朵都听出茧子来了。

关于验证这个话题，我们到下一章节再详细讨论。

对定理和公式进行验证

在一开始，我想先给大家介绍几句名人名言。

"问题不在于告诉他一个真理，而在于教他怎样去发现真理。"（哲学家、教育思想家卢梭）

"我喜欢旅行，但不喜欢到达目的地。"（物理学家爱因斯坦）

"哥伦布感到幸福不是在他发现了美洲的时候，而是在他将要发现美洲的时候。他的幸福达到最高点的时刻大概是在发现新大陆的三天以前。问题在于生命，仅仅在于生命，在于发现生命的这个不间断和无休止的过程，而完全不在于发现结果本身。"（小说家陀思妥耶夫斯基）

"通常，人们把登上山顶作为目的，把登山作为手段。或许，二者也可以颠倒一下。"（乐天会长兼社长三木谷浩史）

实际上，这些名人名言都只说明了一个意思：**从事物的本质上来说，结果并不是最关键的，重要的是它的过程。**

就好比说金字塔，当我们看到金字塔的时候，会有一种敬畏的感觉，这是为什么呢？是因为金字塔看上去特别宏伟壮观吗？我不是这么认为的。在当今的科技产业下，比金字塔更加宏伟、更加壮观的现代建筑数不胜数。这是因为几千年前的人类在当时的科技水平下就能够创造这样的奇迹，我们为此而感到震惊。更进一步说，在当时的时代背景之下，那些石头是怎样堆积上去的，这一点让人感到神秘和不可思议。要说金字塔真正的价值，无非就是它的建造方法。

那些数学公式和定义也是同样的道理。它们的本质并不在于结果的完美和得到结果的便捷，而是在于"它是如何得出的，是如何推演的"这样一个验证的过程。

定理和公式是"人类智慧的结晶"

说起数学的历史，那是非常的久远。早在公元前7万年左右，人们的绘画中就出现了几何图案，而在公元前3万年左右留下的历史遗迹当中我们就可以看出，当时的人们已经掌握了时间。就拿我们日常生活当中耳濡目染的算术和几何学来说，都已经有5000多年的历史了。

从小学到初中再到高中，总共是12年。在这12年的教学计划当中，包含了数学史上5000多年以来的最重要也最完美的数学定义和公式。每一个时代都有在当时世界上最顶尖的数学家，而我们在小学、初中和高中时代所学的数学定义和公式，实际上已经涵括了所有这些人的智慧结晶。这些数学定义和公式的结果并不是智慧的本质，而本质的体现，就在于推算的过程。

在验证的过程当中有所感动

当我们聆听莫扎特的音乐，欣赏毕加索的绘画的时候，会为此而感动。同样，在数学定义和公式当中也有感动。然而这种感动，绝不是因为只看到了结果，或者是因为能够把这些公式和定义"运用"到数学题当中去，而是因为通过数学的验证，让我们感受到了前人的伟大。

"啊，真厉害啊！"

"啊，真是天才啊！"

在验证的过程当中，我们会发出这样的感慨，这种感动也是数学的趣味性所在，我们能够借此而感受到数学当中有趣的一面。不过遗憾的是，学校的教学安排总是让学生们一刻不停地写作业、考试，学生们根本就没有多余的时间来感受这些。如今日本的教学方式就是这样：

"看，这就是二次方程式的运算公式，你们要牢牢地记住它。"

遗憾的是，用这种方式来教学生的老师不在少数，故而有那么多的人在学生时代对数学产生了厌恶的情绪。正因为如此，我希望大家能够再次拿起数学，把当年老师要我们背诵的那些定义和公式进行验证，从中有所体会，并得到感动。希望有更多的人发现数学的乐趣，喜欢上数学。

通过验证提高"数学的能力"

如果说数学的能力就是逻辑判断能力的话，那么，如何才能提高逻辑判断的能力呢？逻辑究竟又是什么呢？在前文当中，我曾拿金字塔来举了个例子，**而逻辑判断能力，就好比是如何用一块块的石头来堆成金字塔一样，是一种对事物进行判断思考的能力。**

说到金字塔的建造，在堆积石头的时候，如果只是随意往上堆的话，那么金字塔很快就会倒下来的，人们必须要知道下一块石头该放在什么地方，而前人留下的金字塔，就是对这种逻辑的验证和实践，我们可以从中学习到逻辑性的堆积方法。同样，历史上的那些数学天才们留下来的定义和公式，我们拿来一一验证，就等同于在向那些前辈们请教数学。拿到一道数学题该如何着手，变换方程式的方法和窍门，如何做辅助线等等，有太多的地方值得我们去学习。对于我们来说，恐怕没有比这些数学天才们更好的老师了。

之前我已经说过许多次了，如果仅仅把每一种数学题的解题方法都记下来，对提高你的数学能力是没有任何帮助的。至于死记硬背那些定理和公式，更是毫无意义。**在学习数学的过程当中，如果说有什么东西是值得背下来的话，那么就只有一个：对定义和公式的验证方法。**

有一句话是我们耳熟能详的：无论多么天才的发明和创造，最初也是从模仿开始的。就算是公认的天才莫扎特，也需要海顿老师的教导。既然要模仿，那就应该模仿最好的、最顶级的。因此，我们才要去学会如何验证那些数学天才们留下来的定义和公式。在验证的过程当中，你能够感觉得到，他们所留下来的逻辑理论，都会变成属于你自己的东西。到那个时候，你就真正掌握了数学的能力。

对勾股定理的验证

在上一章节，我们讲到了对定理和公式的验证，那么接下来，我们举一个具体的例子，就拿著名的勾股定理来举例好了。首先我们来回忆一下，勾股定理指的是什么？

【勾股定理（Pythagoras 定理）】

如左图所示，在直角三角形 ABC 当中，

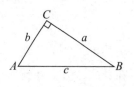

$$a^2 + b^2 = c^2$$

也就是说，除了斜边之外的两条边的长度的平方相加＝斜边长度的平方。

不管你是否还记得勾股定理都不要紧，要紧的是，对这个定理进行验证之后，你感受到了什么，又学到了什么。

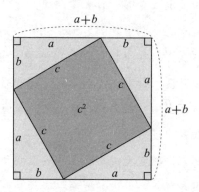

如上图所示，将四个直角三角形拼接在一起，形成了一个边长为（$a+b$）的大正方形，当中还有一个边长为 c 的小正方形。让我们来看一下它们的面积：

大正方形的面积＝小正方形的面积＋直角三角形的面积×4 ……☆

我们可以得出如上这样的一个答案。

接下来，让我们用英文字符来表示面积。

大正方形的面积为：$(a+b)^2$

小正方形的面积为：c^2

直角三角形的面积为：$a \times b \div 2 = \dfrac{ab}{2}$

我们将这些面积代入到☆号方程式当中去，得出：

$$(a+b)^2 = c^2 + \dfrac{ab}{2} \times 4$$

$$= c^2 + 2ab$$

然后我们再等号左边的 $(a+b)^2$ 进行展开：

$$(a+b)^2 = a^2 + 2ab + b^2$$

{

如果你没有掌握乘法公式的话，

$$(a+b)(a+b) = a^2 + ab + ab + b^2$$

那么你可以像这样实际计算一下，从而得到确认。

}

接下来将展开之后的 $(a+b)^2$ 代入到☆号方程式当中去：

$$a^2 + 2ab + b^2 = c^2 + 2ab$$

最终得出：

$$a^2 + b^2 = c^2$$

至此，勾股定理的验证就完成了。

怎么样？现在是不是心情舒畅？你有没有感觉到，勾股定理不只是一个单纯的定理，还包含了很多的意思？与此同时，我们也感受到了最初那个拼接图形的巧妙，顺便还复习了一下乘法公式。

不管怎么说，用面积来验证关于边长的定理，这不失为一种奇思妙想。我们可以看到，在勾股定理的方程式当中出现了三个平方，而平方，就是相同的两个数字相乘，从而得出的积（乘法运算）。也就是说，通过对这个定理的验证，我们可以知道用乘法运算能得出面积。

实际上，对勾股定理的验证，有 100 种以上的方法。

【介绍勾股定理验证方法的网页】
Pythagorean Theorem
Http：//www.cut－the－knot.org/pythagoras/

在这个网页当中，还有很多验证的方法，都会让你不由自主发出感慨："原来还可以想到这么多啊!"

虽然我有把这些验证方法都介绍给大家的冲动，但是这并不是我的主要目的。相对于勾股定理的验证来说，我更想告诉大家的是，通过对定理和公式的验证，能够将那些乏味枯燥的知识变成具有新鲜感、能够带来感动的智慧，从而实现知识的升华。

对 2 次公式的验证

在学生时代，我们学到了许多数学定理和公式，这当中有一些虽然能够背下来，却不能够验证，而其中具有代表性的例子就是 2 次公式。现在就让我们来试着验算一下 2 次公式。在验算之前，先让我们来确认一下 2 次公式是什么：

【2 次公式】

当 $ax^2 + bx + c = 0$ 的时候，

$$x = \frac{-b \pm \sqrt{b^2 - 4ac}}{2a}$$

这就是 2 次公式。（啊，如果你不记得了也没有关系!）

在验算 2 次公式之前，我们先来回想一下 2 次方程式的运算究竟是怎样的。我们拿 2 次方程式当中最简单的类型来举例子，比如：

$$x^2 = p$$

就是最简单的一个 2 次方程式，我们即使不用任何公式，也能够得出：

$$x = \pm\sqrt{p}$$

如果我们把 $ax^2 + bx + c = 0$ 按照：

$$(\quad)^2 = p$$

的形式进行变形，那么就应该可以得出：

$$(\quad) = \pm\sqrt{p}$$

然而，真的可以得出这样的结果吗？

在变形之前，我先给大家介绍一个非常重要的运算技巧，那就是"平方的转换"。

【平方的转换】

　　把 2 次方程式 $ax^2 + bx + c$ 按照：

$$ax^2 + bx + c = a\,(x + p)^2 + q$$

的方式进行变形，我们将它称为"平方的转换"。（顺便说一下，"平方"就是"2 次方"的意思。）

平方的转换，绝对不是简单的方程式变形就可以完成的，接下来请大家仔细阅读。

首先，让我们来学习一下"平方转换的基本公式"（这个是我自己命名的）。当你把：

$$(x + m)^2 = x^2 + 2mx + m^2$$

当中的 m 进行移项，就可以得出"平方转换的基本算式"。

【平方转换的基本公式】

$$x^2 + 2mx = (x+m)^2 - m^2$$

2次方

半分

例）

$$x^2 + 8x = (x+4)^2 - 4^2$$

$$x^2 + 5x = (x+\frac{5}{2})^2 - (\frac{5}{2})^2$$

接下来，我们就用"平方转换的基本公式"对 $ax^2 + bx + c$ 进行平方的转换。

【平方的转换】

$$ax^2 + bx + c = a\left(x^2 + \frac{b}{a}x\right) + c$$
←先把 ax^2 和 bx 这两项除以 a，用括号括起来

$$= a\left[\left(x + \frac{b}{2a}\right)^2 - \left(\frac{b}{2a}\right)^2\right] + c$$
←加粗的部分用"平方转换的基本算式"进行了转换

$$= a\left[\left(x + \frac{b}{2a}\right)^2 - \left(\frac{b^2}{4a^2}\right)\right] + c$$

$$= a\left(x + \frac{b}{2a}\right)^2 - a\frac{b^2}{4a^2} + c$$
←去掉中括号 ［ ］

$$= a\left(x + \frac{b}{2a}\right)^2 - \frac{b^2}{4a} + c$$

$$= a\left(x + \frac{b}{2a}\right)^2 - \frac{b^2 - 4ac}{4a}$$
←对后半部分进行通分

这样一来平方的转换就搞定了！

肯定有人会觉得，这真的是太难了。就像我之前所说的那样，这绝不是简单的变形，因此，在一开始的时候，你肯定会感到不知所措（我一开始也这样），但是无论如何你都要习惯它。

找一张白纸，尽量把这个算式多练习几遍，这只是一个纯粹的技巧，你肯定能掌握的。

回过头来再说，通过上述平方的转换，我们得出了：

$$ax^2+bx+c=a\left(x+\frac{b}{2a}\right)^2-\frac{b^2-4ac}{4a}$$

当 $ax^2+bx+c=0$ 的时候：

$$a\left(x+\frac{b}{2a}\right)^2-\frac{b^2-4ac}{4a}=0$$

然后对方程式进行移项，将 $\frac{b^2-4ac}{4a}$ 移到等号右边：

$$a\left(x+\frac{b}{2a}\right)^2=\frac{b^2-4ac}{4a}$$

接下来，将等号两边同时除以 a，得出：

$$\left(x+\frac{b}{2a}\right)^2=\frac{b^2-4ac}{4a^2}\quad\cdots\cdots\star$$

这样一来，就达成了一开始的想法，将方程式 $ax^2+bx+c=0$ 按照：

$$(\quad)^2=p$$

的形式进行了变形。接下来，我们将☆号方程式进行开平方：

$$x+\frac{b}{2a}=\pm\sqrt{\frac{b^2-4ac}{4a^2}}$$

$$= \pm \frac{\sqrt{b^2 - 4ac}}{2a}$$

对等号左边的 $\frac{b}{2a}$ 进行移项，得出：

$$x = -\frac{b}{2a} \pm \frac{\sqrt{b^2 - 4ac}}{2a}$$

$$\therefore \quad x = \frac{-b \pm \sqrt{b^2 - 4ac}}{2a}$$

至此，2 次公式的验证就算完成了！

感觉怎么样？当然，的确是费了一番周折。要想完成这样一个验算，首先得掌握平方转换的技巧，然后再去考虑 2 次方程式究竟该如何去解，于是就想到了（ ）$^2 = p$ 这么一个形式，并且把方程式按照（ ）$^2 = p$ 的形式进行变形，这一连串下来，让我们积累了许多有关于数学方面的宝贵经验。

找到灵光一闪的原因

当我们面对前人留下来的这些数学定理和公式时，就会不由自主地感到先辈们在验证过程中那种灵光一闪般的神奇灵感。你千万不可以认为"啊，反正换了我怎么也想不出来"，然后就这么放弃了。就像前文说的那样，你可以先从模仿开始。

你还要思考一下：为什么那些先辈们就能够想得到呢？肯定有原因在里面。比如说，在先前三角形勾股定理的验证过程当中，我们就想到了用 2 次方乘法运算来得出面积，**而对那些定理和公式进行验证，最大目的就在于，弄明白那些灵感和奇思妙想得来的原因**。在这些原因里面，就包含了用数学的方式来思考问题的实质。我们可以从那些定理和公式的验证方法、解题方法当中，找出潜在的、实质性的思考问题的方法以及恰当的解题思路。

话虽这么说，但是要想自己一个个地找出解题思路也并非易事。因此，本书罗列了 10 种解题思路，在第 3 部分会有详细的介绍。

"倾听→思考→再教会别人" 的三步走

"大家都有什么问题吗？"

我在每次上课之前都会说这样一句话，无论是教哪一类的学生，在什么样的场合下。每次我的话刚一说完，学生们就会说：

"有问题！"

为什么会这样呢？因为**能够知道自己哪里不懂，并且能够用自己的语言表达出来**，就说明学生们真正用心了，距离理解和掌握数学知识、提高数学水平，已经不远了。

反过来，如果学生们说：

"没有问题。"

那我就会失望了。如果他们认真听课、复习、写作业，真正学进去了并且理解了，就不会那么简单地说一句"明白了"就完事了。

我认为像这样的学生，根本不知道怎样才算是"明白了"。

怎样才能算是"明白了"

不是说你能够把定理表述出来，能够运用公式进行解题，就算是"明白了"。

那么，怎样才算是明白了？在这里，我想引用一句爱因斯坦说过的话："如果你能把它说给你的祖母听，让她明白了，那你才是真正明白了。"

如果你真的明白了，那就能用自己的语言表述出来。遇到不明白的人，你能够根据对方的理解能力，找出合适的语言，让对方也能明白，这才是真的明白了。反过来，在说给别人听的时候，反复使用书上和别人的语言，就说明你理解得还不够充分，还不算是真正明白了。

$$距离÷时间＝速度$$

如果你不能把这个公式解释给老奶奶听，就不能说你已经明白什么是速度了。

能够用自己的语言解释给别人听，让不明白的人也都能明白了，这样才算是"明白了"。

学习的三步骤

在《论语》当中，孔子说了这样一段话："默而识之，学而不厌，诲人不倦。"（含义：把所学的知识默默地记在心中，勤奋学习而不满足，教导别人而不倦怠。）这段话的意思就是说："倾听→思考→再教会别人"，这是一个人在学习的过程当中应有的基本态度。

·第1步：倾听

当别人告诉你一个新概念、新知识点时，首先你不能有成见，不能排斥，也不能不懂装懂，要用平和的心态去倾听……说起来好像很简单，做起来真的很难。

我们就拿哥伦布的鸡蛋这个故事来举例子。

【哥伦布的鸡蛋】

在哥伦布发现新大陆的庆功晚会上，有个男人不以为然地讽刺哥伦布："不就是一直向西、一直向西地航行，最后发现了一块陆地吗?"哥伦布在听了他的话之后，拿出了一枚鸡蛋，然后问客人们："有谁能够将这枚鸡蛋竖起来摆放在桌子上?"结果谁也做不到。接下来，哥伦布拿起了鸡蛋，把鸡蛋的一头对着桌子，"咔嚓"这么一敲，鸡蛋立在了桌子上。然后，哥伦布对那个男人说："如果只是做别人做过的事，那么无论做什么都很简单。"

我想说的是，**能够感受到做一件事情的难度，这才是最重要的。**当你读了教科书上面的解说以及练习册上面的答案之后，你会觉得："哦，原来是这样啊。"但是，你没有想象过最初发现这个定理或公式的难度。如果你觉得哥伦布的鸡蛋仅仅是"谁都能够做到的事情"，那么你就成为不了哥伦布。一个全新的创意能够想出来是多么不容易，这一点你要能够体会得到。"就这么简单"，"这我早就知道了"，像这种不懂装懂的态度，在学习的第一阶段当中是最要不得的。

·第 2 步：思考

学习的第 2 步，就是把新学到的东西进行反复思考。如果你真正思考了的话，那么脑子里面一定会产生许多的"为什么"。

多问一些"为什么"并不可怕，这说明你在学习的过程当中发挥了主观能动性。就请你多一些这样的困惑吧。

当你困惑的时候，你的"大脑思维能力"也在不断地提高。

当然了，不是说非得让你趴在桌子上思考。按照我的经验，当你在洗澡的时候，乘车的时候，又或者是躺在床上睡觉之前，想一想这些问题，说不定什么时候就能有所发现："啊，原来是这样啊!"最重要的就是你"时时刻刻都在想"。哪怕是你想来想去都一无所获，我保证这都不是在做无用功！

对于那些不明白的地方，最重要的就是通过自己的努力去寻找答案。无论是翻书也好，上网搜索也好，总之要想尽一切办法，而在这个过程当中你肯定能够碰到各种各样的想法和解决的办法。当然了，如果有知道答案的人（这个人就在你身边），那么你不妨问问他。

说点题外话，对于一个老师，尤其是数学老师和物理老师，怎么样来判断他好不好，在这里我教大家一个简单的分辨方法。

当你把"当初提出这个方法的人，到底是怎么想的"这类问题拿出来问他的时候：

"就应该是这么想的。"

"遇到这种问题，就应该这样去解题。"

如果他这样回答你的话，就说明这个老师确实不怎么样。如果遇到像这种让学生们死记硬背的数学老师或物理老师，那么你最好就不要再向他请教什么问题了。你向这样的人请教，只有百害而无一利。如果是一个懂得学习的本质，知道为什么要学习数学、怎样学习数学的老师，他就应该会告诉你这么去想、这么去做的原因。

·第3步：再教会别人

最后，把自己所学到的知识教给不知道的人。当然了，不是让你拿着教科书或者参考书去照本宣科，**而是让你用自己的语言表述出来**。在这个过程当中，你肯定会有一些新的发现。作为学习新知识的最后一个阶段，在"教会别人"的过程中，你的发现将会是对之前所学的东西的一个完善。

实际上，当我在上高中的时候，还不知道孔子说过这么一段话。那时候，我总是想把学到的新知识再教给别人，那完全是在努力学习之后的一种下意识的行为。当时我让父母给我买了粉笔和一块小黑板，然后在自己的房间里面对着空气"教课"。

"今天，我来给大家讲一讲向量方程式……"

每当我讲得正起劲的时候，家里人就在想：

"我们家这孩子该不会是受了什么刺激吧……"

就是因为我不在乎别人的眼光，特立独行地自己给自己上课，所以我总是会去备课，把要讲的课给吃透了。然而，不管我之前准备得有多充分，一旦"讲起课来"，肯定会出现这样的情况：

"因此，就变成了这样……咦？不是这样？好，大家稍微休息一下！"（实际上没有人听我讲，就是一个形式，装装样子……）

这时候，我就会拿出笔记本、课本和参考书重新学习。如此一来，我就发现了自己之前学习不到位的地方，对所学的知识加深了理解和记忆。

还有一个可以代替讲课的好办法，那就是"做数学笔记"。关于这个学习方法，我在下一章节将会详细介绍。

准备一本属于自己的 "数学笔记"

笔记是写给自己将来看的

为什么要准备一本笔记？有的时候，人的记忆力是相当模糊的。现在搞明白了，记在脑子里面了，也许没过多久就给忘了，这是常有的事情。因此，准备一本笔记，把学到的东西给记下来是很有必要的。

不过对于有些人来说，虽然记了笔记，但压根就没想过回头再看，于是乎，上课所学的内容也就不知道给忘到什么地方去了，等到快要考试的时候，再找出课本和练习册，一个人在那里自学。像这样的学习方法，成绩搞不上去也就是预料之中的事情了。

面对这样的学生，首先，我要告诉他们的是：笔记不是记给老师看的，是写给自己将来看的。如果能够意识到这一点，那么就不会草草了事，写得乱七八糟，而是抱着认真的心态，把笔记写清楚、写明白。

把笔记变成属于自己的知识 "宝库"

记笔记的用意就是防止自己忘记了，这和备忘录是差不多的。不过，它的作用可比备忘录大多了。

在我上高中的那会儿，有一位叫坂间勇的物理老师人气高得不得了，想要听他讲课都得事先预约。我当时预约了一个暑期的讲习班。然而，在讲习的第一天，他就让我吃了一惊——大教室里面足足挤了 300 多人。坂间老师慢吞吞地走了进来，开口说了这样一番话：

"请大家把笔记本收起来，在我的课上，不允许记笔记！"我当时都怀疑自己是不是耳朵出了问题，他居然叫我们把笔记本收起来?！当时有很多学生不满，看着下面吵吵嚷嚷的一片，坂间老师又接着说道：

"虽然不让你们记笔记，但是你们要用心听课，把我说的话一字不漏地记在脑子里，等回到家之后迅速写在笔记本上。"

坂间老师看上去很有些仙风道骨，身上有一种让人无法质疑的气质。于是，当时在场的这些学生，包括我在内，虽然还有些不甘心，却也勉勉强强按照他的话去做了。这样一来，学生们就只能乖乖地听他讲课了。不过说实话，坂间老师的课听起来还是相当爽的。他总是用那种信心洋溢的语气，把物理的相关知识和其中的魅力一一展现在了我们的面前。我当时就觉得，只要听了他的课，那么应付高考就是小菜一碟了。在坂间老师讲课的过程当中，那种一层一层的剖析，让我们豁然开朗，就好像是看了一场拳击比赛的电视节目一样兴奋不已。下课后我趁着这股兴奋劲儿还没过去，赶紧回到家里，趴在桌子上，把上课时老师所说的话，还有在听了老师讲课之后自己所得出的诸如"啊啊原来是这样"的感想，都一鼓作气的写下来。

对我来说，这是非常有用的经验。我学到的每一个新概念和新知识点以及我对它的理解，在我看来都是非常宝贵的知识财富，我不希望随着时间的流逝而忘掉它们，而是希望把它们用某种方式保留下来，于是乎就记笔记。此外，当我们记笔记的时候，如果能够把自己找到的一些相关内容也记在后面的话，那么这个笔记对于我们来说，就是一笔宝贵的财富。

通过记笔记，来积累"教学"的经验

在上一章，我已经给大家说了学习的三步骤："倾听→思考→再教会别人"，而准备一本属于自己的"宝库"笔记，实际上就是把第 2 步骤"思考"出来的东西，认认真真地记下来，等到日后再拿出来，**教给未来的自己**，也就是学习的第 3 步骤。我想这的确是一种非常有魅力、非常棒的学习方法。

自从掌握了这种学习方法之后，不光是物理这门课，其他的学科我也都准备了相应的"宝库"笔记。当然了，在学校上课的时候，如果也像听坂间老师的课那样不拿笔记本出来的话，老师会发火："你在搞什么！"所以我还是要先把笔记本拿出来，等回家之后，我再把在课堂上所学到的内容以及通过自己的查找所弄明白的东西，还有一些产生了疑问，但一时半会儿得不到解决的东西，全都一个个清楚地（虽然字写得不工整）记在笔记本上。在我看来，这才算是真正的学习。

由于这种"记"笔记的行为是一种自发的学习行为，所以在这个过程当中，我不但不觉得枯燥，反而还很快乐。我在前面也说了，上高中的时候我喜欢在自己的房间里面，给子虚乌有的学生"讲课"，所以在讲课的时候，我会把这些笔记当作"备课笔记"来用。

"宝库"笔记的记法

"宝库"笔记，大致可以分成"定理·公式篇"和"习题篇"两个部分。让我们来看看具体是怎么一个记法。

·定理·公式篇

①把新学到的定理和公式给记下来。

②写下对这个定理或公式的验证方法。

不是说让你把教科书上面的验证给照抄下来，而是先在纸上打草稿，把整个验证过程给写出来（在写的过程当中最好不要看书），最后再抄写在笔记本上。

③其他的验证方法。

在别的书上找到的也好，自己想到的也罢，只要能够找到和第②条的验证方法所不同的验证方法，那么也记下来。

● 宝库笔记"定理·公式篇"的范本

吼吼

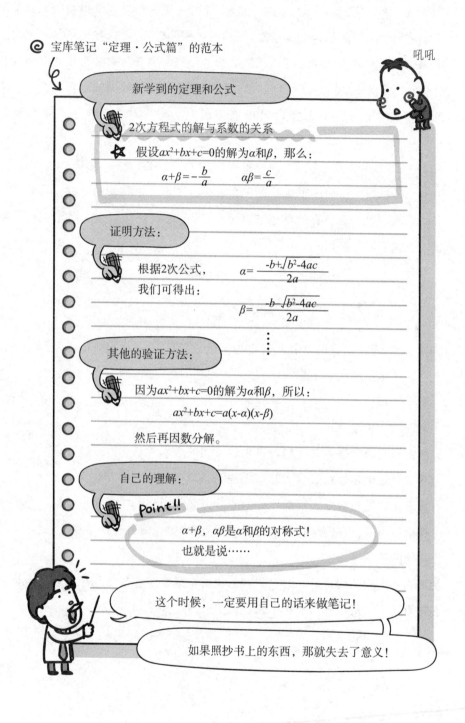

新学到的定理和公式

2次方程式的解与系数的关系

☆ 假设$ax^2+bx+c=0$的解为α和β，那么：

$$\alpha+\beta=-\frac{b}{a} \qquad \alpha\beta=\frac{c}{a}$$

证明方法：

根据2次公式，　$\alpha=\dfrac{-b+\sqrt{b^2-4ac}}{2a}$

我们可得出：

$$\beta=\frac{-b-\sqrt{b^2-4ac}}{2a}$$

其他的验证方法：

因为$ax^2+bx+c=0$的解为α和β，所以：

$$ax^2+bx+c=a(x-\alpha)(x-\beta)$$

然后再因数分解。

自己的理解：

Point!!

$\alpha+\beta$，$\alpha\beta$是α和β的对称式！

也就是说……

这个时候，一定要用自己的话来做笔记！

如果照抄书上的东西，那就失去了意义！

④在验证的过程当中，自己所领悟到的东西。

在验证的时候，可以学习当中的一些思路和逻辑，而在这个过程当中，如果发现了什么新颖的东西，或者是与其他知识有共通点的地方，都可以写在笔记本上。

· 习题篇

①把题目抄在本子上。

没必要把所有的习题都记在这本"宝库"笔记上。如果你觉得"啊，这道题很有意义"，"从这题的解法当中可以学到很多东西"，那么你就把它抄在笔记本上。抄的时候，一定要把整个题目都完整抄下来，这样做一个是为了以后在翻看的时候，只要有笔记本就可以了，不用再翻别的东西，再一个就是为了养成仔细阅读的习惯。

②解题。

不是让你把书上的答案照抄在本子上，这跟"定理·公式篇"当中说的是一个道理，先不要看书，自己在草稿纸上解答一遍，然后再抄在本子上。

③把其他的解题方法也写下来。

在解题的时候，你要想想，还有没有别的方法可以解这道题？如果有的话，那么也记在本子上。

④把解题方法当中涉及到的想法和思路也都记下来。

说到数学题的解题方法，那是多得数不胜数。单单在稿子数学中典型的解题方法大约就有 700 个。但是，在这些解题方法当中所涉及的想法和思路，就没有那么多了。所以，在本书的第 3 部分，我就会给大家介绍 10 种解题的想法和思路。在你遇到各种各样的数学题的时候，如果你觉得，"啊，这个想法可以用到这道题上"，你就把它记在本子上。在不同的解题方法当中往往都有共通性的思路，也就是本质性的思路，如果你能抓住这一点的话，那么你的数学水平将会飞一般的提高。（关于习题册的使用方法，在本书的第 2 部分将会有详细的介绍。）

◉ 宝库笔记"习题篇"的范本

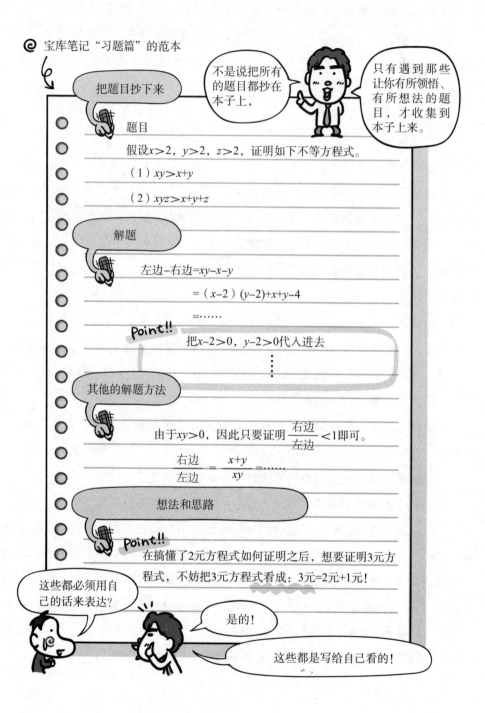

把题目抄下来

不是说把所有的题目都抄在本子上，

只有遇到那些让你有所领悟、有所想法的题目，才收集到本子上来。

题目

假设 $x>2$，$y>2$，$z>2$，证明如下不等方程式。

（1）$xy>x+y$

（2）$xyz>x+y+z$

解题

左边−右边=$xy-x-y$

　　　　$=(x-2)(y-2)+x+y-4$

　　　　$=……$

Point!! 把 $x-2>0$，$y-2>0$ 代入进去

其他的解题方法

由于 $xy>0$，因此只要证明 $\dfrac{右边}{左边}<1$ 即可。

$\dfrac{右边}{左边}=\dfrac{x+y}{xy}=……$

想法和思路

Point!! 在搞懂了2元方程式如何证明之后，想要证明3元方程式，不妨把3元方程式看成：3元=2元+1元！

这些都必须用自己的话来表达？

是的！

这些都是写给自己看的！

·共通性的注意要点

①用自己的语言来表述，不能照抄书上的。

在做"宝库"笔记的时候，有一点必须要注意：尽可能用自己的语言来表述。单单是把教科书上写的和老师在黑板上板书的内容照抄下来，这是没有任何意义的事情。当然了，在做笔记的时候，也不可能完全都是自己的语言，引用一部分书上的内容，这也是没办法的事情。不过，如果你能够用自己的语言来表述，将会大大加深你对它的理解。就像刚才所说的，如果你自己不理解，那么你肯定不能用自己的语言表述出来。另外，仅仅用书上的话来记笔记是一种被动的学习方式，效果肯定不好。反过来，如果你能用自己的语言来表述所学的知识，保持这种主动的学习姿态，那么数学的大门就为你敞开了。

②所有的信息都收集到笔记本当中去。

有一点很重要，那就是要把所有的信息都给收集到"宝库"笔记当中去。等回头想看的时候（比如说考试之前！）就不用翻课本和练习册了，笔记本上都记着呢。

第**2**部

在解题之前应该掌握的知识

在数学当中，使用未知数的原因

算术和数学的区别

从小学升到初中，算术这门课就变成了数学。那么，算术和数学之间有什么区别呢？简单点说，相对于算术，数学当中运用到了"负数和未知数"。因此，小学升初中之后，数学课一上来教的就是这两样。

说到数学，实际上大致可以分为这样三个领域：

$$
数学
\begin{cases}
代数（涉及到未知数的数学）\\
解析（微积分·概率）\\
几何（图形）
\end{cases}
$$

所谓代数，就和字面上的意思一样，"用未知数来代替准确的数字"，是我们学习数学一开始就要学到的东西。从初中到高中，我们所学的"初级代数"，着重点就在于如何用未知数来解答算式和方程式。再就是解析学，又分成微积分和概率两个部分，而解析学一开始所要学到的基础知识，就是变量"函数"的问题。至于几何学就不用赘述了，所谓几何，就是关于图形方面的数学。

　　如何运用未知数来列方程式，又如何求方程式和函数当中的未知数，这就是数学基础当中的重中之重。

演绎和归纳

　　在介绍使用未知数的好处之前，我们先来说说什么是演绎和归纳。

　　首先说演绎。所谓演绎法，就是：

　　"把在整体当中成立的理论，应用到部分当中去。"

　　比如说：

　　"太阳肯定从东方升起，从西方落下。因此，今天的太阳也是从东方升起，从西方落下。"

　　这就是演绎性的思考方法。

　　再举个例子，"n 角形的内角相加，和为 $(n-2) \times 180°$，故而，7 角形的内角相加，和为 $(7-2) \times 180° = 900°$。"

　　这也是演绎法的思考方式。

　　单单是从"演绎"的字面上去理解，可能你会觉得很难。实际上，演绎的思考方式，是大家在日常生活当中时常用到的。比如说，某一天的早上，外面下起雨了。这时候你就会想到："下雨天，路上容易出现交通堵塞。"

　　于是从理论（这个地方则是经验）出发，你自然而然地会想到：

　　"今天路上会比较堵，还是早点回去吧。"

　　这就是演绎性的思考方式。

　　归纳法指的又是什么呢？

　　"把在部分当中适用的理论，推及到整体当中去。"

　　比如说："香蕉是甜的，蜜橘是甜的，葡萄是甜的，草莓是甜的……"

　　通过这些个例，我们可以推出整体的理论："水果是甜的。"

　　这就是归纳法。

　　让我们再举一个例子：

　　1、1、2、3、5、8、13、21、34……

如上数字排列（数列），乍一看上去就好像是胡乱排列的一样，实际上它们是遵循了"前两个数字相加，等于第三个数字"的规律。第 3 个数字"2"，是第 1 个数字"1"与第 2 个数字"1"相加的和。第 7 个数字"13"，则是第 5 个数字"5"与第 6 个数字"8"相加的和（实际上这是一个著名的数列，被称之为裴波那契数列）。

在这里，假设第 n 个数字为 a_n 的话，那么，我们可以用：

$$a_n + a_{n+1} = a_{n+2}$$

来表示这个规律（这里就体现出了算式的作用）。同样，这也是归纳法。

规律性

演绎法和归纳法，是推论当中最基本的两种思考方法。无论是演绎法还是归纳法，都有一个共同点，那就是"适用于整体的理论"，也就是规律性的理论。并且，我们要把这种规律性的理论与未知数的运用相结合。之前所说的费伯纳齐数列，"前两个数字相加，等于第三个数字"，就具有这种规律性，同时也运用到了未知数。

$$a_n + a_{n+1} = a_{n+2}$$

再比方说，我们把奇数都给罗列出来：

1、3、5、7、9、11、13、15、17、19、21、23、25、27……

无论你怎样奋笔疾书，也只能写出一小部分来。然而，任意一个奇数除以2，得出的余数都为1，这在奇数当中具有规律性。由此，我们可以使用未知数来对奇数进行表示（n 为整数）：

$$2n + 1$$

只要在 n 当中代入整数，那么这一个算式就可以代表所有的奇数。这就是未知数运用的趣味性所在。

话虽如此，但如果只是说"含有未知数的算式具有相应的规律性"，那么，这个"规律性"到底是什么，我们仍然很难把握。

我们先把数学放在一边，来谈一谈什么是规律性。

比如说，你失恋了，感到特别伤心，特别难受。然而，从失恋当中就不能学到点什么东西吗？因为你的某些言行和性格，导致你这一次被对象给甩了，是不是可以得出，如果你一直这样下去的话，即使换了别人，也会跟你分手？当你注意到这一点之后，我想你一定会努力改掉这些缺点。

像这种把一次失恋的经验当做以后恋爱警示的行为，就具有规律性。这样，即使失败了，我们也可以找出失败的原因，从中得出规律，在未知的将来，我们可以以此为警示，这将是一种人生的成长。

使用未知数的好处

说到**数学的基本精神，就是找出事物背后所隐藏的规律和性质。**如果你能通过若干的具体事例，得出适用于整体的理论，也就是找出其中的规律（归纳）的话，那么你就能通过表面有限的事物，来捕捉背后无限的世界。所以说，未知数的使用，是前人留下的恩惠。

反过来，如果我们想把这些规律和性质应用到个体的案例当中去的话（演绎），就必须使用未知数的算式。因此，想要学好数学，就必须熟练掌握算式当中未知数的运用。

最后，我再给大家介绍一个数学家们一直以来都没得出规律的问题，就是关于素数的问题。所谓素数，就是"在除以 1 和数字本身的时候可以得出整数，除以其他任何数字都不能得出整数"的数字，比如说：

2、3、5、7、11、13、17、19、23、29……

作为基础的数字，素数在数学当中是极为重要的。然而，素数的呈现却显得非常不规则，人们尚未找出有关于素数规律的法则。1852 年发表的"黎曼猜想"就是有关于素数排列规律的一个猜想。然而，至今还没有人能够证明这个猜想的正确性。这也就是著名的千禧年大奖难题（克雷数学研究所），悬赏金高达 100 万美元（到 2012 年 7 月为止这个难题尚未解决）。

去除未知数

在本章节的一开始，我们先来复习一下联立方程式的解法。

$$\begin{cases} x+y=3 \\ 3x-2y=4 \end{cases}$$

我们把这样的联立方程式称为"2元1次联立方程式"。所谓"元"，指的是未知数的个数。关于这样的方程式，我们在初中的时候学过两种解题方法，一个是代入法，一个是加减法。

代入法

【代入法的步骤】

①选择想要去除的未知数；

②求该未知数

③将另外一个方程式代入。

让我们来算一下之前列举的方程式。

$$\begin{cases} x+y=3 & \cdots\cdots ① \\ 3x-2y=4 & \cdots\cdots ② \end{cases}$$

　　首先，选择一个想要去除的未知数。从这个联立方程式上看，x 和 y 的区别不大，所以我们就选择先去除未知数 y。首先，求①号方程式当中的 y（"$y=$"的形式），得出

$$y=-x+3 \quad \cdots\cdots ③$$

把③代入方程式②当中去，得出：

$$3x-2（-x+3）=4$$
$$3x+2x-6=4$$
$$5x=10$$
$$x=2$$

再把 $x=2$ 代入到③当中去，得出：

$$y=-2+3$$
$$=1$$

由此，我们可以得出：$(x，y)=(2，1)$

加减法

【加减法的步骤】

　　①选择想要去除的未知数；

　　②所选未知数在两个方程式当中的系数是不同的。为使系数相同，将某一方程式乘以一定的倍数；

　　③将两个方程式相加或相减，去除所选择的未知数。

　　还是同样的例题，我们来计算一下。

　　首先还是选择去除未知数 y。

将①号方程式乘以 2，然后两个算式相加：

$$方程式①×2： \quad 2x+2y=6$$

$$方程式② \quad +)\ \underline{3x-2y=4}$$

$$5x=10$$

由此得出：

$$x=2$$

将 $x=2$ 代入到方程式①当中：

$$2+y=3$$

$$y=1$$

如上，我们可以得出和代入法计算同样的结果：$(x，y)=(2，1)$

遇到不同的联立方程式，我们可以根据实际情况，从这两种解法当中选择最恰当的一种。然而实际上，有半数以上的初中生，不管遇到什么样的联立方程式，都选择用加减法来求解。当年的你也是这样吗？

加减法主要还是用于 2 元方程式。当未知数达到 3 个或 3 个以上，用加减法来求解就比较费劲了。

万能的代入法

不管有多少个未知数，代入法都是通用万能的解法。也就是说，只要我们反复按照这三个步骤来操作，就一定能够解开多元联立方程式（未知数较多的联立方程式）。

①选择想要去除的未知数；

②求该未知数；

③将另外一个方程式代入。

举一个例子：

题目：　如下方程式，求解：

$$\begin{cases} x+y+z=6 & \cdots\cdots① \\ x-y-2z=2 & \cdots\cdots② \\ -3x+4y=11 & \cdots\cdots③ \end{cases}$$

首先，选择一个最先去除的未知数，这次我们就选择 z。

根据方程式①，我们可以得出：

$$z=6-x-y$$

将 $z=6-x-y$ 代入到方程式②当中，得出：

$$x-y-2\,(6-x-y)\,=2$$

整理之后得出：

$$x-y-12+2x+2y=2$$
$$3x+y=14 \quad \cdots\cdots④$$

将得出的方程式④与方程式③联立：

$$\begin{cases} -3x+4y=11 & \cdots\cdots③ \\ 3x+y=14 & \cdots\cdots④ \end{cases}$$

这样一来，又变成了我们所熟悉的 2 元 1 次方程式。然后，根据个人喜好，不论是用代入法还是加减法都可以得出答案（演算过程省略）。

最终得出答案：

$$x=3,\quad y=5,\quad z=-2$$

这里有一点是要注意的：在代入法的运用过程当中，无论有多少个未知数，都必须一个一个地去除。

我们的口号是："去除未知数！"

即使不是联立方程式，只是单一的方程式，我们也能够去除一个未知数，"减少未知数的数量"。

比方说，A、B、C 三个角分别是某个三角形的内角，而三角形 3 个内角的和为 $180°$，即：

$$A+B+C=180$$

同样的道理，在这里我们可以得出：

$$C=180-（A+B）$$

然后再把 $C=180-（A+B）$ 代入到其他方程式当中，就可以去除未知数 C。

当我们遇到一道数学题，不知道该怎样着手的时候，首先，可以把相关的信息都按照数学算式的形式进行"数字翻译"（关于"数字翻译"，在后面会有详细的介绍），然后解出这道算式当中的未知数，再把得到的未知数代入到其他算式当中去。这种解题方针，可以说是"直指问题核心目标"。我们的口号就是："去除未知数！"

去除未知数的方法

如果有多个未知数（元），那么，首先去除哪个未知数比较好呢？答案很简单：在多个方程式联立的情况下，先去除最容易去除的那个未知数。先把一道方程式当中的未知数解开，再代入到其他方程式当中去，这样未知数就没有了。

①摆在你面前的联立方程式，先看一下其中包含了多少个未知数。

↓

②看一看这几个未知数当中，哪一个是最容易解的。

↓

③选择一个未知数，运用方程式解出这个未知数。

↓

④把解出的未知数代入到其他方程式当中去。

用代入法去除未知数就是这样的流程，能够让你轻松愉快地就把方程式给解了。

如果不是联立方程式，想要去除未知数又该怎么样呢？让我们来举一个例子：

题目：　假设 $\sqrt{7}$ 的小数部分为 a，求 a^2+4a-7 的值。

这道数学题的解题思路应该是这样的：

未知数为 a →想要去除未知数 a →把方程式变成 $a=\cdots\cdots$ 的形式。

那么怎样把方程式变成 $a=\cdots\cdots$ 的形式呢？

我们知道，未知数 a 是 $\sqrt{7}$ 的小数部分，那么，$\sqrt{7}$ 的整数部分又是多少呢？在我们计算 $\sqrt{7}$ 的整数部分之前，先想一想和 7 相近的平方数都有哪些？

【平方数】

1，4，9，16，25，36，49，64，81，100 等数字，都是某个整数的 2 次方，我们称之为平方数。

由此我们可以看出：

$$4<7<9$$

因此：

$$\sqrt{4}<\sqrt{7}<\sqrt{9}$$

由于 $\sqrt{4}=2$，$\sqrt{9}=3$，所以：

$$2<\sqrt{7}<3$$

也就是说，将 $\sqrt{7}$ 开平方之后，得出：

$$\sqrt{7}=2.\square\square\square\cdots\cdots$$

由此我们得知，"未知数 $a=0.\square\square\square\cdots\cdots$"，因此：

$$\sqrt{7}=2+a$$

如此一来，把方程式变成 $a=\cdots\cdots$ 的形式，得出：

$$a=\sqrt{7}-2$$

再把 $a=\sqrt{7}-2$ 代入到习题当中给出的算式当中去，去除未知数 a，得出：

$$a^2+4a-7 = (\sqrt{7}-2)^2+4\,(\sqrt{7}-2)\,-7$$
$$=7-4\sqrt{7}+4+4\sqrt{7}-8-7$$
$$=-4$$

如此一来，这道题就算解答完了。

再强调一遍：遇到任何数学题，去除未知数都可以作为解题的重要指导方针。

2 元 2 次联立方程式的解题方法（附录）

当我们遇到 2 元 2 次方程式（有 2 个未知数，2 个方程式，但最高次数是 2）

的时候，除了代入法和加减法之外，还可以运用哪些解题方法？

【二元二次方程式的解题方法】

①代入法；

②加减法；

③去除方程式当中的 2 次项；

④去除方程式当中的常数项；

⑤利用解和未知数系数的关系。

拿到数学练习册的做题方法

很多人在做习题的时候，使用的方法都是错误的。在这里我们举一个典型的例子。

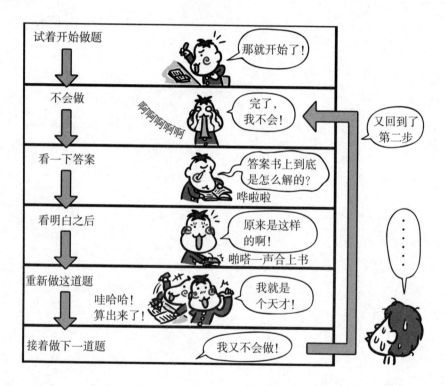

怎么样？拿到数学练习册，你不会也是这么干吧？这样一来，即使做完整本练习册，你的数学水平也不会有多少提高。

"能看懂"和"能解答"是两码事

从小学到初中一年级的数学题，如果你能看得懂练习册后面的答案，就说明这道题你会做了，也就是说，"能看懂"和"能解答"是处在同一水平线上的。然而，随着年级的升高，二者的意思渐渐就不一样了。

"如果让我看练习册后面的答案，我能够看明白，但是要让我自己来解题，就不行了。"你是否也有过这样的感慨？

真正的"明白"，指的是你能够看得懂上一行方程式转换成下一行方程式当中的条理和逻辑。如果你达到了这种地步，那么"能看懂"和"能解答"也就是一回事了。然而，我想真正"明白"的人，是不会像我一开始所说的那样去做练习册的。

关于练习册后面的"答案"

在讨论做练习册的正确方法之前，我先来给大家讲一讲练习册后面附带的"答案"是怎么一回事。

我曾经编著过不少练习册和参考书。每次接受出版商邀请时，我都会提出我的请求："我希望这本书能有××页。"

要是更严谨一点的话：

"我希望能有××行。"

因为印刷刊物都会有纸张和页数的限制在里面，所以总会有一部分答案被删掉，只保留解题过程中的精髓，形成最低限度的答案。如果你对这道题不太懂的话，就会觉得：

"咦？怎么好好的从这里就跳到这里了呢？"

"为什么要这样变形？"

"为什么要做这条辅助线？"

你的脑子里面会浮现一大堆的问号，还会觉得：

"居然能够从这个地方想到这个地方，我可没有这种灵感。看来我果然不是学数学的料子……"

其实，像这种乍一看像是灵光一闪、奇思妙想一般的解题方法，只要你能认认真真、踏踏实实也思考一番，同样能想得到。你只要坚信一点：答案绝对不可能是灵光一闪，从天上掉下来的。

这道题为什么不会做？

遇到不会做的题目，除了看练习册后面的答案，理解答案的意思之外，你还必须想一想：

"为什么不会？"

在我看来，不会做题的原因大概有两种：

①对定理和公式的理解不充分；

②解题的思路不对。

任何的解题方法，都有相应的思路。学习数学的目的，就是为了把那些"灵光一闪"的思路变成属于我们自己的"理所当然"的思路。

怎么样才能够会答题？

如果是第①种原因——对定理和公式的理解不透彻的话，那么我们可以回过头来重新学习相关的定理和公式。这里所说的"重新学习"，不是说只要重新看一遍就可以了，而是要找一张白纸，在不看书的情况下，试着把相关的定理和公式验算证明一下，这样才能充分理解和掌握。

如果是第②种原因的话，那么首先，我们可以把练习册后面的答案找出来，一行一行地仔细研读。一般练习册后面的答案都是相对精简的，这些精简之后的解题答案的字里行间，是不是还有一些省略的步骤？我们把它们一一找出来。如果你能做到这一步，那么对你来说，数学就没什么难的了。记住，无论如何都不要灰心丧气。

"答案上面说，方程式应该这样转换，这是怎么想到的呢?"

"哦，原来是要在这里做辅助线，那么编者是怎么想到这一点的呢?"

对于这些问题的思考是一件很有意义的事情。假如说，不管怎么想，你都想不出这种解题思路是如何得出来的，没关系，还有像我这样的数学老师可以请教。如果你在身边找不到数学老师，那么还有这本书可以参考。**任何一本数学练习册附带的解题答案的字里行间，都包含了最基本的数学解题思路。**在这本书的第 3 部分，就给出了 10 种这样的解题思路。当大家面对实际问题的时候，可以拿来参考，到时候你就会发现:

"哦，原来是用了这样的思路。"

"哦，原来那一题和这一题是同样的思路。"

这就好比是在茂盛的枝叶当中找到了主干，我们通过这些解题方法，找到了必要的思路。

遇到不会的问题，看练习册后面的解题答案没有关系，但最最重要的一点就是，在看完解题答案之后的那一瞬间，你是怎么想的。

"为什么不会?""怎么样才能够会?"如果你能想到这些，那么你做这些练习题总算是没有白费工夫。就算是到了真正考试的时候，遇到你没见过的类型的题目，也不用怕了，因为你已经真正提升了数学能力。

当你会做这些题的时候

在本章节的最后，我们来说一说当你会做这些题的时候应该怎么样。当你会做的时候，我想你就不会逐一去看后面的解题答案了。不过，当你的解题方法和后面给出的方法不完全一样时，我建议你不妨谦虚一点，看一看专业的解答是怎样的，也许其中有那么一些思路和技巧是你所不知道的，同时你也能了解到，解题的方法并不只有一种。如此一来，**当你在做同一道题的时候，就可以找出不同的切入点。**

数学不好的人所欠缺的解题基本功

所谓"会者不难"，对于数学好的人来说，解什么题都是手到擒来的，但对于那些数学不好的人来说，有一些"解题基本功"就必须要掌握了。我在这里给大家介绍四个：

① 将应用题"数字化"；

② 理解除法运算当中所包括的两个含义；

③ 理解图表与联立方程式之间的联系；

④ 在做辅助线的时候，要充分考虑到通过辅助线，能不能获得更多有用的信息。

这四点无论哪一点，都是非常重要的基本功。

将应用题"数字化"

"遇到计算题我都没问题，但是一遇到应用题就不行了。"

我经常会听到这样的抱怨。不论是小学生，还是成年人，我想大家都有这方面的苦恼吧？那么我来给大家出一道应用题，大家不妨试一试。

题目： 某特定商品的定价，是在进价的基础上增长25%。假设该商品的销售运营费用为定价的8%，那么在不亏损的情况下，最多可以给出百分之多少的折扣？

　　像这种应用题，很多人都会觉得棘手。又是定价，又是进价，又是折扣的，"你方唱罢我登场"，实在是搞不清楚在说什么，于是就放弃了，这种情况下，我的建议是：

　　把题目的内容"翻译成"一个个算式。只要你有这种"数字化翻译"的精神，就没有什么能够难倒你的问题。让我们来试一下吧。

　　首先，"某特定商品的定价，是在进价的基础上增长 25%。"

　　我们根据这个列出算式。因为没有给出进价是多少，所以我们就把进价假设为 a（不管怎么样，先一口气把它写下来，凡是遇到不清楚的地方，都用字母来代替。这也是我在应用题方面的经验之谈。当然了，这当中也有代数的含义在里面）。

$$\text{"进价（}a\text{）的 }25\%\text{"} = a \times \frac{25}{100} = a \times \frac{1}{4} = \frac{1}{4}a$$

　　由于"定价是在进价的基础上增长 25%"，因此定价可以表示为，

$$\text{"定价"} = \text{"进价"} + \text{"进价的 }25\%\text{"} = a + \frac{1}{4}a = \frac{5}{4}a$$

　　接下来一句，"假设该商品的销售运营费用为定价的 8%"，既然定价为 $\frac{5}{4}a$，我们就可以得出：

$$\text{"销售运营费用"} = \text{"定价的 }8\%\text{"} = \frac{5}{4}a \times \frac{8}{100} = \frac{5}{4} \times \frac{8}{100}a = \frac{1}{10}a$$

　　只剩下最后一句，"那么在不亏损的情况下，最多可以给出百分之多少的折扣"。我们不知道具体的折扣率，就把它假设为 $x\%$，所谓"不亏损的情况下"，也就是说，收入（营业额）要大于等于支出（进价＋销售运营费用），即为：

$$\text{收入} \geqslant \text{支出}$$

　　到这里，我们还没有列出有关收入（营业额）的算式。由于收入为定价当中扣除 $x\%$，也就是"定价－定价的 $x\%$"，因此我们就可以得出：

"收入"="定价"－"定价的 $x\%$"$=\dfrac{5}{4}a-\dfrac{5}{4}a\times\dfrac{x}{100}=\dfrac{5}{4}a\left(1-\dfrac{x}{100}\right)$

由于"支出＝进价＋销售运营费用",那么,收入≥支出就可以表示为:

$$\dfrac{5}{4}a\left(1-\dfrac{x}{100}\right)\geqslant a+\dfrac{1}{10}a$$

好了,到这里,"数字化翻译"就完成了。我们只需要把这个不等式给算一下就可以了。根据上面的算式,把等号两边同时除以 a,就可以得出:

$$x\leqslant 12$$

也就是说,只要不超过 12% 的折扣,就不会造成亏损。

感觉怎么样?这道题乍一看上去好像不会,但是只要逐句逐句地"数字化翻译",就能够列出相应的算式。对于应用题,我们就是要把相关的内容用数学的语言来翻译,这样解决起来就容易多了。

除法运算当中所包括的两个含义

举个例子:

$$12\div 3=4$$

"这个除法运算当中都有哪些含义?"

如果有人这样问你,那么你该如何回答?我想,答案无非就是如下两个:

①12 当中有 4 个 3;

②把 12 分成 3 等份,每 1 份都是 4。

除法运算当中所包括的两个含义,真正能够认识到的人并不多。比如说,现在有 12 个馒头,你要是问别人"3 个馒头一组,能分成几组"的话,所有人都会毫不犹豫地回答你:

$$12\div 3=4$$

能分成 4 组。在这个地方,除法运算的含义就是:

①12 当中有 4 个 3。

如果画成图的话，就是这样子的：

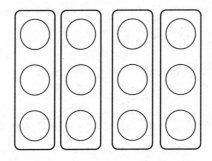

如果你再问：

"12 个馒头 3 个人分，一个人能分几个？"

所有的人都会这么回答：

$$12 \div 3 = 4$$

1 个人分 4 个馒头。在这里，除法运算的含义就是：

②把 12 分成 3 等份，每 1 份都是 4。

要是画出图的话，就是这个样子：

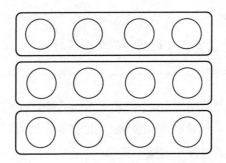

怎么样？虽然算式完全相同，但其中的含义全然不一样了吧？

【除法运算当中所包括的含义】

$$a \div n = p$$

①a 当中有 p 个 n；

②假如把 a 分成 n 等份，那么每 1 份都是 p。

人们在加减乘除四项运算当中，唯有对除法运算的理解是最模糊的。如果你没有认识到"除法运算当中所包括的两个含义"，在做应用题的时候，你就很可能搞不清楚到底是○÷△，还是△÷○。今后，凡是在做除法运算之前，我们都要看一看它包含的是哪一种含义。如果你能把其中的含义与"为什么要用这个方程式来解题"相互联系起来，我想这会变得很有意义。

我们就拿小学生和初中生最讨厌的速度问题来举例说明：

距离÷时间＝速度

同样的除法运算还可以作为：

距离÷速度＝时间

这两个除法运算和之前所说的含义①和含义②分别相对应。

首先，我们来举一个**距离÷时间＝速度**的例题。

题目： 太郎同学用3个小时走了12km的路程。假设在此期间，太郎同学既没有走回头路，也没有休息的话，请问他走路的平均的速度（时速）是多少。

根据"距离÷时间＝速度"的算式：

$$12 \div 3 = 4$$

答案为时速 4km。在这里，除法运算的含义是①还是②？

所谓速度，就是单位时间内前进的路程。1 个小时前进的路程就是时速。在这道题当中，太郎同学用 3 个小时前进了 12km，想要知道 1 小时前进了多少路程，就要把 **12km 进行 3 等分**，如下图所示。

我们再举一个**距离÷速度＝时间**的例子。

题目：　从花子家到游乐场的距离为12km，假如步行的速度为每小时3km，从花子家到游乐场要花费几小时？

根据"距离÷速度＝时间"的算式：

$$12÷3＝4$$

答案为 4 个小时。

由于 1 小时可以前进 3km，因此我们只要搞明白 12km **可以分成几个** 3km，就能得出走完这段路要用几小时。

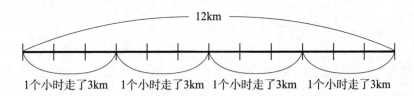

我们可以看出，完全相同的除法运算，仅仅是因为涉及的题目不同，含义也就不同，所以，学生们感到昏头转向也不是不能理解的。如果老师不能把这当中的区别说明白了，那么学生们为了应付眼前的考试，就不得不这么做：

"什么嘛，完全搞不懂。不过，这里好像用到了这个公式……好吧，我把这个公式背下来！"

于是乎，这些学生一个个地就成了数学不好的典型。

也许有的读者看过下面的图示：

【速时距法则】

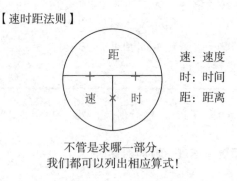

速：速度
时：时间
距：距离

不管是求哪一部分，
我们都可以列出相应算式！

这是一个有关速度、时间和距离相互关系的图示，用来帮助记忆。

$$距离÷时间＝速度$$

$$距离÷速度＝时间$$

$$速度×时间＝距离$$

我希望，通过对除法运算当中所包括的两个含义的思考和理解，大家都能够摆脱以前学习上的坏习惯。

图表与联立方程式之间的联系

请大家来看下面的这道题。

题目：

$$\begin{cases} y=2x+1 \\ y=-x+4 \end{cases}$$

求这两条直线的交点所在的坐标。

遇到这个问题，怎么办？如果你还记得初中数学的话，一定会回答：

"求这两个方程式的解不就行了。"

如果我再追加一个问题：

"为什么求出方程式的解，就能得出图像上面的交点呢？"

你还能回答上来吗？

很多人都知道"通过求联立方程式的解，就可以得出图像上面的交点"，至于为什么会这样，就不一定都知道了。如果你知道并能够充分理解其中原因，那么，我想你对图像和联立方程式的含义会有着更深层的理解。

首先，让我们来想一下 $y=2x+1$ 的图像是怎样的。在本书第 1 部分"添加新的语意"那一章节提到过，$y=ax+b$ 形式的 1 次函数的图像为直线。

当 $x=0$ 的时候，$y=1$；当 $x=1$ 的时候，$y=3$。我们把（0，1）、（1，3）这两个点用直线连接起来，就可以得到这样一个图像：

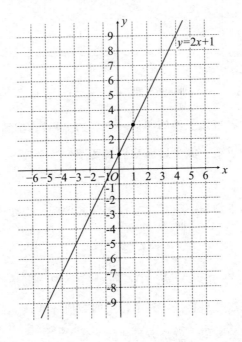

值得强调的是：凡是满足于 $y=2x+1$ 这个条件的点，都在这条直线上。比

如当 $x=\dfrac{1}{2}$ 的时候，$y=2$，点（$\dfrac{1}{2}$，2）同样也在直线上。无论代入什么样的数值，相应的点都在这条直线上。

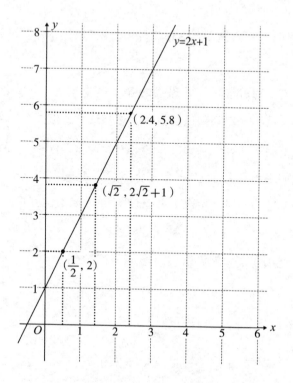

反过来说，**在这条直线上面的任何一点（的坐标），都满足于 $y=2x+1$ 这个方程式。**这一条非常重要。因为后面我们就要用到这个理论，所以请大家一定要吃透。

接下来，让我们来加深一下对"方程式"的理解。比如说：

$$3x+5=11$$

这是一个最基本的方程式，它的解为 $x=2$。把 2 以外的数值代入 x，该方程式都不能成立。像这种只有代入某个特定的数值才能成立的算式，我们称之为方程式，而这个特定的数值，就是方程式的"解"。

【方程式】
　　只有代入某个特定的数值才能成立的算式。

　　那么，联立方程式又是什么呢？指的是像这样的多个方程式：

$$\begin{cases} 2x-y=-1 \\ x+y=4 \end{cases}$$

　　同时能够满足这几个方程式的数值，就是该联立方程式的解。比如说上面这个联立方程式，解为：

$$\begin{cases} x=1 \\ y=3 \end{cases}$$

　　我们再回到一开始的那道题：

题目：

$$\begin{cases} y=2x+1 \\ y=-x+4 \end{cases}$$

　　求这两条直线的交点所在的坐标。

　　首先，我们要确认一下联立方程式的解是不是这两条直线的交点。我们把联立方程式变形，得出：

$$\begin{cases} 2x-y=-1 \\ x+y=4 \end{cases}$$

　　这样就和之前举的例子是同一个联立方程式了。它的解为：

$$\begin{cases} x=1 \\ y=3 \end{cases}$$

　　我们把这两条直线在图纸上试着画一下：

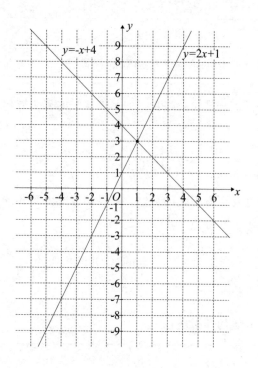

我们来数一下格子纸上面的刻度，得出交点为：

$$(x, \; y) = (1, \; 3)$$

的确，图像上面的交点就是联立方程式的解。那么为什么会是这样的呢？

我已经说了，在某条直线上的任何一点（的坐标），都满足于这条直线的方程式，并且让大家"一定要吃透"，那么：

$$\begin{cases} y = 2x + 1 \\ y = -x + 4 \end{cases}$$

这两条直线的交点既是 $y = 2x + 1$ 这条直线上的点，也是 $y = -x + 4$ 这条直线上面的点，也就是说，这个点同时满足于这两条直线的方程式，而联立方程式的解，就是某个特定的数值同时满足于联立方程式当中所有的方程式，如此一来，联立方程式的解就是两条直线的交点也就是理所当然的了。

总的来说，某个函数图像上任意的一点，都满足于这个函数的方程式。不仅仅是 1 次函数，**只要是图像上面的交点，就一定是该联立方程式的解。**

通过辅助线，能不能获得"更多有用的信息"

当你遇到几何题目的时候，会不会随意做辅助线，导致原先到底是什么图形都看不出来，反而更找不到解答的头绪了？有一点很重要：我们在做辅助线之前要想一想，通过辅助线能不能获得更多有用的信息。

那么，什么样的辅助线能够获得"更多有用的信息"呢？简单点说，就只有两直线：

平行线和垂直线

当你做出的辅助线和某条直线平行的时候，实际上就是画出了平行四边形，有了同位角或是内错角，那么平行四边形的各种性质就能够用得上了。如果做出的辅助线是垂直线的话，就相当于画出了直角三角形，或者是和圆形内接的图形，于是相应的各种性质就都用得上了。让我们来举一些具体的例子。

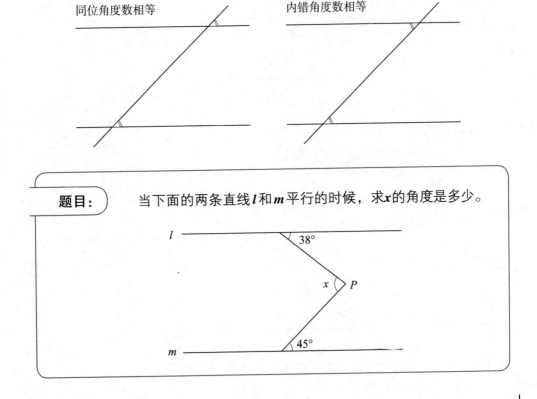

题目：　当下面的两条直线 l 和 m 平行的时候，求 x 的角度是多少。

题目当中给出的信息就只有这么多，我们该怎样来解呢？这就要靠辅助线来发挥作用了。

我们做一条辅助线 n，穿过 P 点，与直线 l 和 m 平行。

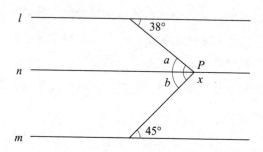

辅助线一做，你看出来了吗？a 角和 38°角互为内错角，b 角和 45°角互为内错角，由此我们就可以得出：

$$a = 38$$

$$b = 45$$

通过图像，我们可以很明显看出：

$$x = a + b$$
$$= 38 + 45$$
$$= 83$$

因此 x 的角度为 83°。

我们再来举一个垂直辅助线的例子。

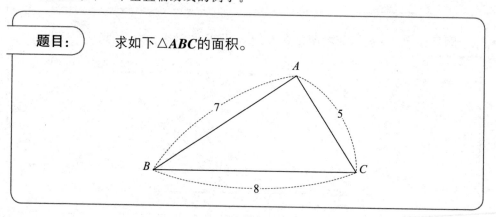

题目： 求如下 $\triangle ABC$ 的面积。

　　不知道三角形的高度，我们就求不出三角形的面积。为了获得更多有用的信息，我们就做一条垂直辅助线，从 A 点开始，与直线 BC 相垂直。

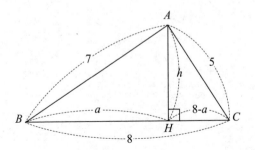

　　在这里，我们假设 $BH=a$，又因为 $BC=8$，那么 $HC=8-a$。

　　我们再假设 AH（高）为 h。这样一来，图形当中就出现了 2 个直角三角形（$\triangle AHB$ 和 $\triangle AHC$），我们就可以运用直角三角形的定理，即勾股定理来得出结果了。

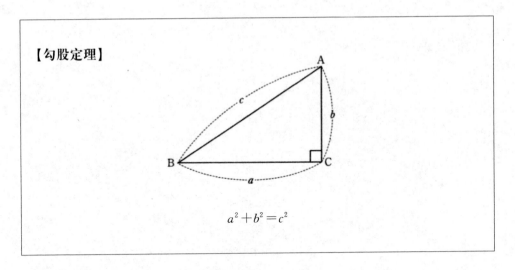

【勾股定理】

$$a^2+b^2=c^2$$

　　把勾股定理运用到 $\triangle AHB$ 当中，得出：

$$a^2+h^2=7^2 \quad \cdots\cdots ①$$

　　同样，把勾股定理运用到 $\triangle AHC$ 当中，得出：

$$(8-a)^2+h^2=5^2 \quad \cdots\cdots ②$$

由于：

$$(p-q)^2 = p^2 - 2pq + q^2$$

那么：

$$(8-a)^2 = 64 - 16a + a^2$$

这样一来，方程式②就可以变成：

$$64 - 16a + a^2 + h^2 = 5^2 \quad \cdots\cdots ③$$

我们用方程式①减去方程式③：

$$
\begin{aligned}
& a^2 + h^2 = 7^2 \\
-)\ & 64 - 16a + a^2 + h^2 = 5^2 \\
\hline
& -64 + 16a = 49 - 25 \\
& 16a = 24 + 64 \\
& 16a = 88 \\
& a = \frac{88}{16} = \frac{11}{2}
\end{aligned}
$$

我们再把 $a = \dfrac{11}{2}$ 代入到方程式①当中去：

$$\left(\frac{11}{2}\right)^2 + h^2 = 7^2$$

$$\frac{121}{4} + h^2 = 49$$

$$h^2 = 49 - \frac{121}{4}$$

$$= \frac{196 - 121}{4}$$

$$= \frac{75}{4}$$

$$h = \frac{\sqrt{75}}{2}$$

$$= \frac{5\sqrt{3}}{2}$$

由此，我们可以得出 $\triangle ABC$ 的面积为：

$$\triangle \text{ABC} = 8 \times \frac{5\sqrt{3}}{2} \times \frac{1}{2} = 10\sqrt{3}$$

通过举这个例子，我们能够充分感受到，只要通过一条垂直辅助线，就能够获得更多的信息。这和平行辅助线是一样的道理。

在这里，我要强调的是，**我们不能把辅助线当作是"灵光一闪"的产物，想得到就用一下，想不到就不用，而是要把它当作一种常备的战略战术来使用。对于那些想要从数学当中寻找"武器"的人来说，最有价值的就是理论性的东西，而绝非是灵光一闪，突发奇想。**我们要抱着"获取有用信息"这样一个明确的目标来做辅助线，从而解答问题，这绝非是一种偶然，而是实实在在的必然。

数学好的人，头脑里面都装了些什么

数学不好的人的典型特征

> 没有哪个人一开始数学就不好。一般来说，上小学的时候你的算术成绩（除了应用题差一点之外）都还马马虎虎，初中一、二年级数学成绩也不算差，但到了三年级时成绩大幅度下滑，等到上了高中，数学成绩就滑落谷底了。上课时也认真记了笔记，考试之前也做了两三遍练习册，但这种努力完全看不到效果。"即然其他科目成绩都在平均分以上，那么肯定是自己没有数学这方面的才能……"你失望地想。

看到这段话，你是否觉得这好像就是"自己当年发生的事情"？

因为觉得"自己没有数学方面的才能"，所以就放弃了，就讨厌数学……这样的学生我实在是见得太多了。他们都知道努力学习的重要性，而且其他科目的成绩都不差，但就是数学成绩一直搞不上去，所以他们都觉得"自己是文科生"。要是你问他们：

"你是怎样学习数学的？"

他们会这样回答你：

"当然是背诵那些数学题的解题方法咯。"

你会发现，他们把书上那些例题的解法都划了重点，认为（或者是被灌输）学习数学就是背那些解题方法。实际上，即便他们把所有的解法都背下来，一旦遇到新类型的题目，他们还是不会做。

数学好的人，都掌握了"基本的解题思路"

数学好的人，肯定不会是那些死记硬背解题方法，然后拿来生搬硬套的人。他们会抓住解题方法的含义以及得来的"过程"，就像在和别人讨论自己喜好的电影情节一样，然后就把精力放在那些以前没有遇到过的新类型的数学题上面去了。

我在解题的时候，所依仗的并不是什么"解题方法"，**而是我所掌握的几种"基本的解题思路"。我会把这些思路都拿出来试一试，或者把几种思路结合起来。**教了这么多学生之后，我更加确信：**一个人是否掌握了"基本的解题思路"，就决定了他的数学成绩的好坏。**

请大家放心，这些"基本的解题思路"并没有那么复杂。在本书的第 3 部分，我给大家罗列了"10 种解题的思路"。它们就像是"种子"，当你遇到新问题时，就能根据它们创造出相应的解题方法。

"10 种解题的思路"和相应的作用

我将在本书的第 3 部分给大家介绍如下 10 种解题的思路：

（1）降低次方和次元

（2）寻找周期和规律性

（3）寻找对称性

（4）逆向思维

（5）与其考虑相加，不如考虑相乘

（6）相对比较

（7）归纳性的思考实验

（8）数学问题的图像化

（9）等值替换

（10）通过终点来追溯起点

那些数学好的人，他们的解题思路一般都不会超过这 10 种。遇到问题，他们会这样想：

"运算起来太复杂了"→"能不能降低运算的次方？"

"所要运算的数字实在是太庞大了"→"能不能找到周期和规律性？"

"用常规的思路来做这道题，实在太麻烦了"→"那就试着逆向思维！"

"归纳总结起来，实在是太难了"→"可以进行实验性的思考！"

"不知该如何证明它的条理性"→"那就通过终点来追溯起点！"

如果你能熟练掌握这些解题思路，那么定理的证明也好，题目的解答也罢，你就不会觉得它们是从天而降，突如其来的了，你就能够跟得上当年那些数学家、数学天才们的思维逻辑，也就是说，你能够以这"10 种解题的思路"为线索，去探寻当年那些数学先贤们的想法，从而发现数学的乐趣。

归纳出其中的原理、规则和定义，将复杂的问题分解

凡是数学好的人，还有这么一大特征：能够根据问题的具体情形，归纳出其中的原理、原则和定义。他们会说：

"无论多么复杂的应用题，都不过是由一个个基本数学题组合而成的。"

话虽如此，但要想分解这些问题，我们就必须根据具体情形，抓住其中的原理、规则和定义。

究竟什么是圆周角？

究竟什么是面积？

究竟什么是向量？

究竟什么是对数？

究竟什么是微分？

像这些"究竟什么是什么"的问题，我们都要能答得上来。

那些数学好的人，越是遇到复杂的问题，就越是要归纳出其中的原理、规则

和定义，然后抓住本质，将复杂的问题分解成一个个基本问题。

　　在本书的第 1 部分当中，我给大家介绍了"对定理和公式进行验证"的方法。如果我们能够坚持这种学习方法，将平时运用到的所有的定理和公式都进行验证，就能够归纳出其中的原理、规则和定义。只有归纳和分解，才是解决复杂问题的最便捷的方法。

　　在本书的第 4 部分，我给出了一些"综合习题"，大家在答题的时候，不妨想一想到底是抓住哪些原理、规则和定义，对问题进行分解的，怎样才能从"10 种解题的思路"当中找出最恰当的思路。

遇到任何数学题都能够解答的
10种解题思路

解题思路 1 "降低次方和次元"

> **作用：** 让运算变得更轻松，更容易把握立体的图形。

所谓次方，就是下面例子当中 x 上面的 n：

$$x^n$$

同理，$3x^3$ 就是 3 次方，$\frac{1}{2}x^4$ 就是 4 次方。

降低次方的目的之一，就是让运算变得更轻松。

比如说，我们将 $(a+b)^n$ 进行展开：

$$(a+b)^2 = a^2 + 2ab + b^2$$

$$(a+b)^3 = a^3 + 3a^2b + 3ab^2 + b^3$$

$$(a+b)^4 = a^4 + 4a^3b + 6a^2b^2 + 4ab^3 + b^4$$

可以看出，随着次方的升高，整个运算就变得更加复杂。反过来，如果能够降低次方，那么复杂的问题一下子就变得简单了。到底在怎样的情况下能够降低次方呢？我们拿"1 开 3 次方"来举例子。

1 开 3 次方

所谓 1 开 3 次方，指的是某数的 3 次方等于 1，也就是：

$x^3 = 1$　……①

当然了，$x = 1$ 是 1 开 3 次方的解之一，但并非唯一的解。在接着往下说之前，我们先来复习一下因数分解的公式。

【因数分解的公式】

$$a^3 - b^3 = (a - b)(a^2 + ab + b^2)$$

让我们来确认一下这个公式，等号右边是不是真的等于左边。

我们对算式①进行移项，将等号右边的 1 移到左边来，得出：

$$x^3 - 1 = 0$$

然后我们按照上面因数分解的公式进行变形，得出：

$$x^3 - 1 = 0$$
$$\longleftrightarrow \quad x^3 - 1^3 = 0$$
$$\longleftrightarrow \quad (x-1)(x^2 + x \cdot 1 + 1^2) = 0$$
$$\longleftrightarrow \quad (x-1)(x^2 + x + 1) = 0$$

也就是：

$$\begin{cases} x - 1 = 0 \\ \\ x^2 + x + 1 = 0 \end{cases} \quad 或者$$

（关于 $AB = 0$ 这个话题，我们等到后面"解题思路 5"这个章节再来详细讨论。）

$x - 1 = 0$ 的解，就是 $x = 1$，而 $x^2 + x + 1 = 0$，很遗憾，这里不能再因数分解了，我们只好用 2 次公式来求解。

【2次公式】

当 $ax^2 + bx + c = 0$ 的时候，

$$x = \frac{-b \pm \sqrt{b^2 - 4ac}}{2a}$$

由于 $x^2 + x + 1 = 0$，那么：

$$x = \frac{-1 \pm \sqrt{1^2 - 4 \cdot 1 \cdot 1}}{2}$$

$$= \frac{-1 \pm \sqrt{1 - 4}}{2}$$

$$= \frac{-1 \pm \sqrt{-3}}{2}$$

虽然 $\sqrt{}$ 下面是个负数，但是请大家不必惊讶，我们还准备了虚数单位 i 来应对这种情况。所谓虚数单位 i，就是当某数的 2 次方为负数（我们将它称为虚数）的时候，所给出的定义。

【虚数单位 i】

$$i^2 = -1$$

在这里，我们代入虚数 i，使得 $\sqrt{-3} = \sqrt{3i^2} = \pm\sqrt{3}\,i$，那么先前的 2 次方程式的解为：

$$x = \frac{-1 \pm \sqrt{3}\,i}{2}$$

感谢大家的配合，能够一直耐心地读到这个地方。现在我们搞明白了一点：1 开 3 次方之后，得出的解除了 1 之外，还有一个非常复杂的数字。那么，对于这个复杂的数字 $\dfrac{-1 \pm \sqrt{3}\,i}{2}$，我们是不是还要再求出它的 2 次方，甚至是 5 次方？

我可不想面对那么麻烦的运算。于是，我们就想办法降低次方。

我们假设：

$$\frac{-1\pm\sqrt{3}i}{2}=\omega$$

（ω 是希腊字母，读作"欧米茄"，而不是英文中的 w。）如果 ω 是上述 2 次方程式 $x^2+x+1=0$ 的解，那么，我们将 ω 代入方程式，就可以得出：

$$\omega^2+\omega+1=0$$

再将它进行如下变形：

$$\omega^2=-\omega-1$$

另外，由于 ω 就是一开始的 $x^3=1$ 的解，因此我们将 ω 代入到 $x^3=1$ 当中，就可以得出：

$$\omega^3=1$$

我们再把这两个方程式放在一起，得出：

$$\begin{cases}\omega^2=-\omega-1 \\ \qquad\qquad\cdots\cdots\text{☆} \\ \omega^3=1\end{cases}$$

接下来就是关键部分了！

在☆号联立方程式中，上面一个方程式，等号左边为 2 次方，右边为 1 次方；下面一个方程式，等号左边为 3 次方，右边为 0 次方（常数项），也就是说，我们降低了☆号联立方程式的次方！比方说，我们来算一下 ω 的 4 次方，就能够用到☆号联立方程式：

$$\omega^4=\omega\cdot\omega^3$$
$$=\omega$$

这样一来，运算变得相当简单。那么，ω 的 11 次方又是多少呢？也可以运用 ☆ 号联立方程式，将它变成 1 次方程式：

$$\begin{aligned}
\omega^{11} &= \omega^2 \cdot \omega^9 \\
&= \omega^2 \cdot (\omega^3)^3 \\
&= (-\omega - 1) \cdot 1^3 \\
&= -\omega - 1
\end{aligned}$$

按照这个模式，我们再来算一下 ω 的 30 次方。同样是运用 ☆ 号联立方程式，降低它的次方：

$$\begin{aligned}
\omega^{30} &= (\omega^3)^{10} \\
&= 1^{10} \\
&= 1
\end{aligned}$$

像这样，运用 ☆ 号联立方程式来对 ω 进行运算，那么不管遇到怎样的情况，我们都可以降低它的次方，使它变成 1 次方程式或者常数项。

最难得的是，我们可以把之前的复杂数字代入到 ω 当中，进行进一步运算。根据前面算出的结果，我们可以得出：

$$\left(\frac{-1 \pm \sqrt{3}\,i}{2}\right)^4 = \frac{-1 \pm \sqrt{3}\,i}{2}$$

$$\begin{aligned}
\left(\frac{-1 \pm \sqrt{3}\,i}{2}\right)^{11} &= -\frac{-1 \pm \sqrt{3}\,i}{2} - 1 \\
&= \frac{+1 \mp \sqrt{3}\,i - 2}{2} \\
&= \frac{-1 \mp \sqrt{3}\,i}{2}
\end{aligned}$$

$$\left(\frac{-1 \pm \sqrt{3}\,i}{2}\right)^{30} = 1$$

我们可以看得出，等号左边非常复杂，但是等号右边的计算就变得十分轻松。这就是降低次方的乐趣所在。

除了在 1 开 3 次方 (ω) 当中我们运用到了降低次方的思路以外,"拉格朗日定理""三角函数的半角公式"还有"凯莱 – 哈密尔顿定理",也都运用到了这种思路。

在几何图形当中,同样可以降低"次元"

前面我们说到了次方,现在我们要说另外一个"次",那就是"次元"。在几何图形,特别是立体图形当中要降低次元,这一点非常重要。我们来看如下图形:

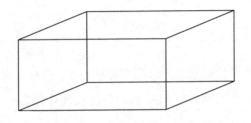

这是一个长方体。我们把这种图称为草图。

实际上,当我们看到这个图形,就能够辨认出它是一个"长方体",这完全是教育的功劳。换一种说法,我们实际上已经被教育"洗脑"了。如果你把这个图形给那些没受过算术、数学教育的人来看,他们就不会认为这是一个长方体。为什么呢?因为长方体的每一个角都应该是直角,而这张图上面,没有哪一个角是直角。当我们把 3 次元(空间)的物体落在 2 次元(平面)上的时候,图形自然就会发生扭曲。

所以,当我们遇到立体几何问题的时候,如果按照这样的草图来思考,就容易产生错觉。本来应该是相同长度的两条边,就会显得不一样长;本来应该是直角,看上去就不是直角。那么,应该怎么办呢?

让我们来考虑一下能不能降低它的次元。把 3 次元变成 2 次元,也就是说,找出空间图形当中关键的部分,然后把它画在平面图上。这样的平面图看上去没有不实的地方,我们可以根据它来思考问题,也就是说,降低图形的次元,会让问题变得容易许多。

我们来看一个例题。

题目： 边长为8cm的正方体**ABCD–EFGH**，**M**和**N**分别为**CD**和**BC**两条边上的中点。求四边形**MHFN**的面积。

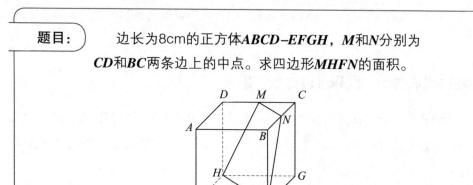

解这道题，最重要的就是从图形当中把四边形 $MHFN$ 给提取出来，画成平面图。这时候，你是否能够看出 MH 和 NF 的长度是相等的？

如果仅仅是看这张草图的话，也许有人会产生错觉，误以为 MH 和 NF 的长度是不等的。但是，如果画出正方形 $DHGC$ 和正方形 $BFGC$ 的平面图，我们就能看出 M 和 N 分别为 CD 和 BC 两条边上的中点。如此一来，$MH = NF$ 就一目了然了。

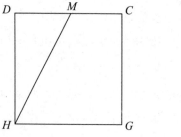
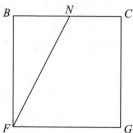

由此我们可以画出 $MHFN$ 的平面图，因为 $MH = NF$，也就是说，$MHFN$ 是一个等边梯形。

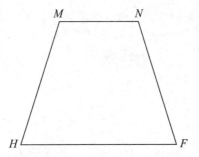

这样一来，我们就可以运用勾股定理计算它的面积。首先我们可以算出 MN 的长度。如果画出△MCN 的平面图，再运用勾股定理的话，就很容易算出来：

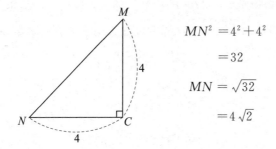

$$MN^2 = 4^2 + 4^2$$
$$= 32$$
$$MN = \sqrt{32}$$
$$= 4\sqrt{2}$$

接下来，可以按照画△MCN 的方式画出△HGF，它的边长是△MCN 的 2 倍。

$$HF = 2 \times MN$$
$$= 2 \times 4\sqrt{2}$$
$$= 8\sqrt{2}$$

然后我们再画出 $MHFN$ 的平面图：

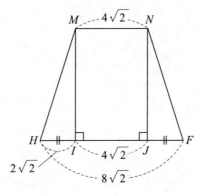

在这里，HI 和 JF 是同样的长度，所以：

$$HI = JF = (8\sqrt{2} - 4\sqrt{2}) \div 2 = 2\sqrt{2}$$

由于梯形的面积为：

$$（上底＋下底）\times 高 \div 2$$

因此，我们只要知道高度（MI 或 NJ 的长度），就能够得出 $MHFN$ 的面积。

在这里，$\triangle MIH$ 是直角三角形，那我们就可以运用勾股定理来计算。但是，要想计算 MI 的长度，就必须先计算 MH 的长度。那么，我们就要从正方体的草图当中提取出 $\triangle HDM$。提取出来之后，就能看出这也是一个直角三角形。

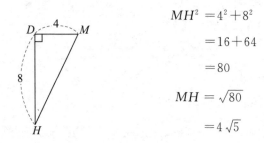

$$MH^2 = 4^2 + 8^2$$
$$= 16 + 64$$
$$= 80$$
$$MH = \sqrt{80}$$
$$= 4\sqrt{5}$$

至此，我们就可以计算 MI 的长度了。

$$MH^2 = HI^2 + MI^2$$

我们将 $MH = 4\sqrt{5}$，$HI = 2\sqrt{2}$ 代入到算式当中，得出梯形的高度为：

$$(4\sqrt{5})^2 = (2\sqrt{2})^2 + MI^2$$
$$80 = 8 + MI^2$$
$$MI = \sqrt{72}$$
$$= 6\sqrt{2}$$

最后，梯形 $MHFN$ 的面积：

$$(4\sqrt{2} + 8\sqrt{2}) \times 6\sqrt{2} \div 2 = 72 （cm^2）$$

在整个运算的过程当中，我们要注意的重点就是**从草图当中提取出几个平面**

图。通过降低次元，我们把 3 次元的草图变成 2 次元的平面图，这样运算就会变得轻松。

今后，当你感觉计算困难或者是把握不了立体图形的时候，不防想一想：能不能降低次方或次元？

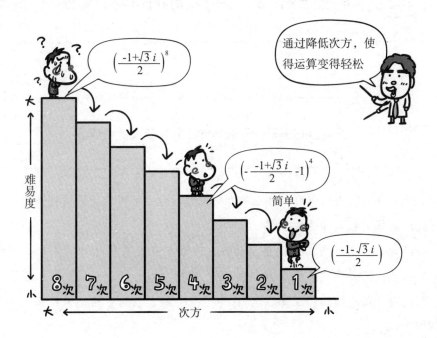

解题思路 2 "寻找周期和规律性"

> **作用：** 更容易把握那些无限延伸或非常庞大的数值。

无论是往大的方向也好，往小的方向也罢，数字都可以无限延伸下去。那么怎样处理这些无限延伸的数字呢？

我给大家一个启发，那就是，看看这些数字有没有什么"周期和规律性"。在上一章节我们说到"降低次方和次元"，这是"由大到小"的思路；在这一章节，我们要"找出周期和规律性"，这是"由小到大"的思路……我来举一个具体的例子：

$$0，1，2，3，4，5，6，7，8，9，10，11$$

我们把 0～11 的数字罗列出来，再随便除以一个数字，比如 3：

$$
\left.\begin{array}{l}
0 \div 3 = 0 \cdots\cdots 0 \\
1 \div 3 = 0 \cdots\cdots 1 \\
2 \div 3 = 0 \cdots\cdots 2
\end{array}\right\}
$$

$$
\left.\begin{array}{l}
3 \div 3 = 1 \cdots\cdots 0 \\
4 \div 3 = 1 \cdots\cdots 1 \\
5 \div 3 = 1 \cdots\cdots 2
\end{array}\right\}
$$

$$
\left.\begin{array}{l}
6 \div 3 = 2 \cdots\cdots 0 \\
7 \div 3 = 2 \cdots\cdots 1 \\
8 \div 3 = 2 \cdots\cdots 2
\end{array}\right\}
$$

$$9 \div 3 = 3 \cdots\cdots 0$$
$$10 \div 3 = 3 \cdots\cdots 1$$
$$11 \div 3 = 3 \cdots\cdots 2$$

可以看出，余数在"0，1，2"之间循环。像这种在一定的间隔内会产生同样数值的现象，就是周期和规律性。**通过寻找周期和规律性，我们可以从无限延伸的数字当中找出相关的线索。**就像上面举的这个例子，通过除以 3 得出的余数，我们可以将所有的数字都归纳成：

$$3n, 3n+1, 3n+2$$

不管哪个数字，都可以归纳到这三类当中，比如说，2010，2011，2012 就分别是：

$$2010 = 3 \times 670$$
$$2011 = 3 \times 670 + 1$$
$$2012 = 3 \times 670 + 2$$

当然了，如果是除以 2 的话，那么所有的数字就可以分成奇数和偶数两类。

除以 3 除了可以把数字分成三类以外，所得出的余数是按照非常规则的"0，1，2"的顺序循环的。也就是说，如果先得出一个余数是 1，又得出一个余数是 2，那么第三个数就能够被 3 整除。大家可能会觉得"这是理所当然的事情"，其实这就是在整数论当中一开始所学到的基础知识"同余方程式"。

当我们遇到无限延伸或者非常庞大的数字的时候，首先找找看这当中有没有什么周期性和规律性，这种思路在数学学习上很有效果。

找不着日历也没关系

我们举一个身边的例子：某一年的 3 月 1 日是星期四，那么，同一年的 3 月 30 日是星期几？

星期是按照规律 7 天一个循环的：

一、二、三、四、五、六、日……

所以说，这一天是星期几，7 天之后同样也是星期几，而 3 月 30 日是在 3 月 1 日的 29 天之后：

$$29 \div 7 = 4 \cdots\cdots 1$$

用 29 除以 7，可以得出余数为 1，而 3 月 1 日那一天是星期四，那么，3 月 30 日就是星期四的后一天，也就是星期五。

因为星期是 7 天一个循环的，所以哪怕是 100 年、1000 年以前，我们都可以算出那一天是星期几。这也是在寻找周期和规律性的过程当中得到的乐趣。

现在，请大家看看下面这个趣味问答。

问题： 　某年的3月，*A*君打算制定一个旅行计划，他想知道当年的7月和11月都有哪几天是星期天。可惜月历坏掉了，5月后面的那几页看不到了。然而，这丝毫难不倒*A*君，他毫不费力地就知道了想要知道的日期。请问他是怎么知道的？

因为 A 君知道，每一年的 3 月 1 日～3 月 30 日，与 11 月 1 日～11 月 30 日，在星期上面是完全相同的。同样，4 月 1 日～4 月 30 日，与 7 月 1 日～7 月 30 日，在星期上面也是完全相同的（31 日除外）。

我想肯定有人会感到惊讶：这到底是怎么一回事呀？

每一年过了 3 月之后，在天数上，4、6、9、11 月都是 30 天，而其他的月份都是 31 天。我们把 3 月到 10 月的天数相加，得出，

$$31 + 30 + 31 + 30 + 31 + 31 + 30 + 31 = 245$$

$$245 \div 7 = 35$$

我们用 245 除以一周的天数 7 天，就可以得出，3 月 1 日～3 月 30 日，与 11 月 1 日～11 月 30 日，在星期上面是完全相同的。

同样，把 4 月到 6 月的天数相加，得出：

$$30 + 31 + 30 = 91$$

$$91 \div 7 = 13$$

就可以得出，4 月 1 日～4 月 30 日，与 7 月 1 日～7 月 30 日，在星期上面也是完全相同的，大家不妨翻出日历确认一下。

同余式

之前，我跟大家说了"拿任何数除以 3，根据得出的余数，我们可以将这些数字分成三类，这就是其中的周期性和规律性"，我一开始知道这个规律的时候相当兴奋。然而，同样为此兴奋的人不止我一个，还有德国数学家高斯。19 世纪初，高斯曾经做过一个实验，**"假使给定一个正整数 n，然后用所有的整数除以 n，最后根据所得的余数对这些整数进行分类"**，由此，高斯提出了"同余式"的理论。

严格来说，同余式并不在高中数学的教学范围之内，有很多人对此并不熟悉。实际上，遇到关于整数的问题时，同余式是一种很好的解题方法和技巧。此外，**通过同余式，我们还能体会到整数的周期性和规律性，我觉得这很有意义。**因此，我想给大家稍微详细地介绍一下。

请看下面的图示。

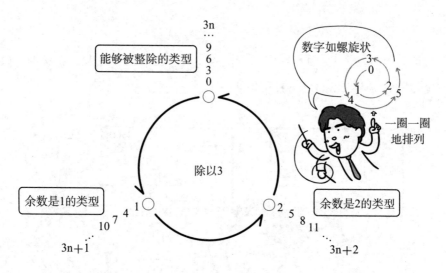

沿着这个圆圈，按照 0，1，2，3……的顺序写下去，余数相同的数字就会被归为一类，统称：

"这些整数对模 3 同余"

比如说：

4≡1（mod 3）

写成这个样子的算式，就是同余式。在这里，mod 表示除数（模）。

{

一般来说，当"$m \div n = q \cdots\cdots r$"的时候，我们把：

n（除数）称为"模（modulus）"；

q（答案）称为"商（quotient）"；

r（余数）称为"剩余（residue）"。

}

我们来归纳一下：

【同余式】

当 a 除以 m 所得余数和 b 除以 m 所得余数相同的时候，就将它们写成：

$a \equiv b$（mod m）

称为整数 a，b 对模 m 同余，而上面的这个算式就是同余式。

例）

$$3 \equiv 1 (\text{mod } 2)$$

$$27 \equiv 2 (\text{mod } 5)$$

$$35 \equiv 700 (\text{mod } 7)$$

同余式可以相加减，比如说，当除以 7 的时候，10 和 17 的余数都为 3，9 和 16 的余数都为 2，所以将它们写成：

$$10 \equiv 17 (\text{mod } 7)$$

$$9 \equiv 16 (\text{mod } 7)$$

将 10＋9 和 17＋16 分别再除以 7，得出的余数都是 3＋2（5）。由此我们可以看出，即使二者相加，再除以 7，余数果然还是相同的。也就是说：

$$10＋9 \equiv 17＋16 （\text{mod } 7）$$

不光是相加，相减或者相乘（乘方），同余式依然成立。由此我们可以总结出同余式的如下性质：

当 $a \equiv b$（mod m），$c \equiv d$（mod m）的时候，	例）$10 \equiv 17$（mod 7）［余数为 3］
	$9 \equiv 16$（mod 7）［余数为 2］
	①$10＋9 \equiv 17＋16$（mod 7）
①$a＋c \equiv b＋d$（mod m）	［余数为 3＋2（5）］
	②$10－9 \equiv 17－16$（mod 7）
②$a－c \equiv b－d$（mod m）	［余数为 3－2（1）］
	③$10 \times 9 \equiv 17 \times 16$（mod 7）
③$ac \equiv bd$（mod m）	［余数为 3×2（6）］
	④$10^4 \equiv 17^4$（mod 7）
④$a^n \equiv b^n$（mod m）`	［余数为 3^4（81→4）］
	（↑81÷7＝11……4）

通过①~④，我们可以得知：

同余式和其他的等式一样，可以进行加法、减法、乘法（乘方）的运算。

（同余式的除法运算需要某些必要条件。这个稍微有些复杂，在这里就省略了。）

我们把同余式的性质用图来表示。

整数 a，b 对模 m 同余，余数为 r，

整数 c，d 对模 m 同余，余数为 s，

这样一来：

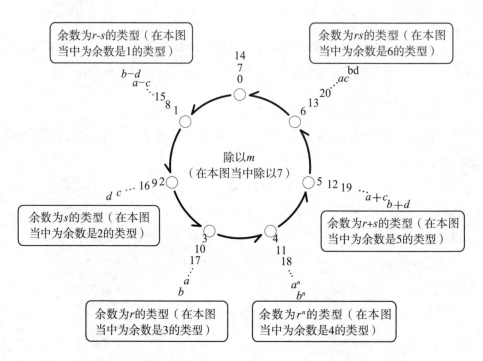

也许有人看了图后会质疑："恐怕并非如此吧？"为此，我们来验证一下（顺便说明：今后，在本书当中，凡是给出的未知数字母都代表整数）。

在验算之前首先说明，在算术当中，除法运算的写法如下：

$$15 \div 7 = 2 \cdots\cdots 1 \qquad (15 \div 7 \text{ 的商为 } 2，\text{余数为 } 1)$$

而在数学当中，则这样表示：

$$15 = 7 \times 2 + 1$$

归纳起来就是：

在数学当中，当 $a \div m = p \cdots\cdots r$（$a \div m$ 的商为 p，余数为 r）的时候，我们将它表示为：

$$a = mp + r$$

【写给那些不擅长字母数字式的人的一点建议】

之前出现了一大堆字母，也许你都看晕了，那么后面两页跳过去也没有关系。但是，当你读完这本书，适应了字母数字式之后，一定要再翻到这一页，把没看的给补上。对于方程式的转换和变形，我都尽可能地详细描述，你一定能够看得懂！

当 $a \equiv b \pmod{m}$ 的时候，a 和 b 分别除以 m，所得余数都是相同的，假设这个余数为 r，那么：

$$a = mp + r$$
$$b = mp' + r$$

（p 和 p' 分别是 $a \div m$ 和 $b \div m$ 的商。）

同样，当 $c \equiv d \pmod{m}$ 的时候，c 和 d 分别除以 m，所得余数都为 s，那么：

$$c = mq + s$$
$$d = mq' + s$$

（q 和 q' 分别是 $c \div m$ 和 $d \div m$ 的商。）

我们来算一下 $a + c$：

$$a + c = (mp + r) + (mq + s)$$
$$= m(p + q) + r + s$$

也就是说，$a + c$ 除以 m，得出的余数为 $r + s$（严格来说，当 $r + s$ 大于 m 的时候，余数为 $r + s - m$）。

同样，我们来算一下 $b+d$：

$$b+d = (mp'+r) + (mq'+s)$$
$$= m(p'+q') + r+s$$

也就是说，$b+d$ 除以 m，得出的余数为 $r+s$（严格来说，当 $r+s$ 大于 m 的时候，余数为 $r+s-m$）。

根据上面的运算我们可以看出，a+c 除以 m 和 b＋d 除以 m，所得余数相同，可以写成：

$$a+c\equiv b+d \pmod{m}$$

至此，我们就完成了对同余式性质①的验证！

接下来是同余式性质②，还是同样的验算方法，

$$a-c=(mp+r)-(mq+s)$$
$$= m(p-q)+r-s$$
$$b-d=(mp'+r)-(mq'+s)$$
$$= m(p'-q')+r-s$$

也就是说，$a-c$ 除以 m 和 $b-d$ 除以 m，所得余数相同，我们可以将它表示为：

$$a-c\equiv b-d \pmod{m}$$

然后就是对同余式性质③的验证，这个比之前的验算要麻烦一些：

$$ac = (mp+r)(mq+s)$$
$$= m^2 pq + mps + mrq + rs$$
$$= m(mpq+ps+rq) + rs$$
$$bd = (mp'+r)(mq'+s)$$
$$= m^2 p'q' + mp's + mrq' + rs$$
$$= m(mp'q'+p's+rq') + rs$$

由此我们得出，ac 除以 m 和 bd 除以 m，所得余数相同，我们将它表示为：

$$ac \equiv bd \ (\text{mod } m)$$

最后，在同余式性质④的验证过程当中，我们要运用到性质③的公式：

$$a \equiv b \ (\text{mod } m)，c \equiv d \ (\text{mod } m) \rightarrow ac \equiv bd \ (\text{mod } m)$$

由此：

$$a \equiv b(\text{mod } m) \rightarrow a^2 \equiv b^2(\text{mod } m) \rightarrow a^3 \equiv b^3 \ (\text{mod } m)\cdots\cdots \rightarrow a^n \equiv b^n(\text{mod } m)$$

就可以表示为：

$$a \equiv b \ (\text{mod } m) \rightarrow a^n \equiv b^n \ (\text{mod } m)$$

至此，对同余式性质①～④的验证就算完成了！

题目： 求 13^{2000} 除以 12，所得的余数。

像 13^{2000} 这样庞大的数字，用常规方法是没法计算的。但是，我们可以运用同余式的性质来解决这个问题。我们知道，13 除以 12 的余数为 1，而 1 除以 12 的余数也为 1。那么，我们可以将它表示为：

$$13 \equiv 1 \ (\text{mod } 12)$$

我们根据同余式的性质④，很快就能够得出：

$$13^{2000} \equiv 1^{2000} \equiv 1 \ (\text{mod } 12)$$

由此，我们可以得出，13^{2000} 除以 12，所得余数为 1。

在本章节的最后，让我们运用周期和规律性的思路，来挑战如下几道高考数学题。

题目：

假设数列 $\{a_n\}$ 的定义为：

$a_1=1$、$a_2=1$……$a_{n+2}=a_{n+1}+a_n$ （$n=1,2,3$……）

当 $\{a_n\}$ 为3的倍数的时候，求 n 的条件。

［大阪工业大学］

这个数列，就是第 2 部分讲过的裴波那契数列。

表示相邻的两个数字之间关系的算式，我们将它称为递推方程式。递推方程式有各种各样的类型，比如说：

$$a_{n+1}=pa_n+q$$

就是表示相邻两项之间关系的递推方程式，而：

$$a_{n+2}=pa_{n+1}+qa_n+r$$

就是表示相邻三项之间关系的递推方程式。

裴波那契数列，就是表示当 $p=1$，$q=1$，$r=0$ 的时候，相邻三项之间关系的递推方程式。

拿到这种表示相邻三项之间关系的递推方程式，通常，人们所想到的就是求这个数列的通项（代入 n 的算式）：

$$a_n=\frac{1}{\sqrt{5}}\left[\left(\frac{1+\sqrt{5}}{2}\right)^n-\left(\frac{1-\sqrt{5}}{2}\right)^n\right]$$

（算不出来也没有关系。）如果你想通过求通项的方式来算出 n 在怎样的条件下，a_n 是 3 的倍数的话，你会发现自己越想越远……还是放弃求通项的思路吧。

下面，我们不妨根据这个数列的递推方程式，求出一开始几项的具体数字，然后将这些数字除以 3，得出余数。

项	a_1	a_2	a_3	a_4	a_5	a_6	a_7	a_8	a_9	a_{10}
数字	1	1	2	3	5	8	13	21	34	55
余数	**1**	**1**	2	0	2	2	1	0	1	1

{
　　如果想要找到整数除法运算当中"余数"的周期和规律，
　　↓
　　那我们就运用同余式！
}

我们假设：

$$a_{n+1} = 3p + k$$

$a_n = 3q + l$（k 和 l 都是 0，1，2 三个数字当中的某个整数）

a_{n+1} 除以 3 的余数为 k，而 k 除以 3 的余数也为 k，由此我们可以得出：

$$a_{n+1} \equiv k \ (\mathrm{mod}\ 3)$$

同样，a_n 除以 3 的余数为 l，而 l 除以 3 的余数也为 l，由此我们可以得出：

$$a_n \equiv l \ (\mathrm{mod}\ 3)$$

根据题目当中给出的递推方程式：

$$a_{n+2} = a_{n+1} + a_n$$

我们可以根据同余式的性质①，得出：

$$a_{n+2} \equiv a_{n+1} + a_n \equiv k + l \ (\mathrm{mod}\ 3)$$

也就是说，想要求出 a_{n+2} 除以 3 的余数，就必须先求出 a_{n+1} 和 a_n 除以 3 的余数，然后将两个余数相加。

通过先前的表格我们可以看出，如果连续 2 个余数和前面的某 2 个余数相同的话，那么，此后的余数都按照这个形式循环下去！

比如，第 9 项和第 10 项的余数与第 1 项和第 2 项的余数相同，也就是说：

$$a_1 \equiv a_9 \ (\mathrm{mod}\ 3), \quad a_2 \equiv a_{10} \ (\mathrm{mod}\ 3)$$

根据同余式的性质①，我们可以得出：

$$a_2 + a_1 \equiv a_{10} + a_9 \pmod 3$$

根据题目当中给出递推方程式（$a_{n+2} = a_{n+1} + a_n$）我们可以得出：

$$a_3 \equiv a_2 + a_1 \equiv a_{10} + a_9 \equiv a_{11} \pmod 3$$

$$\therefore a_3 \equiv a_{11} \pmod 3$$

我们再根据同余式的性质①，把刚才得出的 $a_3 \equiv a_{11} \pmod 3$ 进行推演，由于：

$$a_2 \equiv a_{10} \pmod 3, \quad a_3 \equiv a_{11} \pmod 3$$

根据同余式的性质①，我们可以得出：

$$a_4 \equiv a_3 + a_2 \equiv a_{11} + a_{10} \equiv a_{12} \pmod 3$$

$$\therefore a_4 \equiv a_{12} \pmod 3$$

$$a_3 \equiv a_{11} \pmod 3, \quad a_4 \equiv a_{12} \pmod 3$$

根据同余式的性质①，我们可以得出：

$$a_5 \equiv a_4 + a_3 \equiv a_{12} + a_{11} \equiv a_{13} \pmod 3$$

$$\therefore a_5 \equiv a_{13} \pmod 3$$

……如此持续下去。也就是说，我们可以把这个数列归纳为：

$$a_n \equiv a_{n+8} \pmod 3$$

由此我们可以得出，当这个数列除以 3 的时候，所得余数的周期为 8，而另一方面，一开始的 8 项当中，a_4 和 a_8 能够被 3 整除，两相结合，我们可以得出：

$$a_4 \equiv a_{12} \equiv a_{20} \equiv a_{28} \equiv \cdots \equiv 0 \pmod 3$$

$$a_8 \equiv a_{16} \equiv a_{24} \equiv a_{32} \equiv \cdots \equiv 0 \pmod 3$$

根据上述两个同余式，我们可以看出，当 $\{a_n\}$ 的 n 为

$$4, \ 8, \ 12, \ 16, \ 20, \ 24, \ 28, \ 32, \ \cdots$$

的时候，$\{a_n\}$ 能够被 3 整除，因此，当 $\{a_n\}$ 为 3 的倍数的时候，n 的条件

为 n 是 4 的倍数。

　　怎么样？明白了吗？虽然最后那一部分稍稍难了一点，但是这并不是重点。我要强调的是，**想要把握那些庞大的数字或者无限循环的数列，就必须找到它的周期和规律性。**

　　在学习数学的时候，要找到其中隐藏的规律，这一点非常重要，而周期性，就是数学规则当中最基本的东西，它可以给我们启发，使我们能够找到其中的规律。

　　在高中数学当中，涉及到周期和规律性的地方，除了数列之外，还有三角函数和 n 次方导数。

解题思路 3 "寻找对称性"

作用： 把拿到手的几何图形和算式看做是整体的一部分，这样可以获得更多的信息，从而运用学到的理论和性质来答题。

所谓"对称"，就是某一事物和另一事物具有一一对应的关系（比如说左右对称）。在数学当中，找出对称性，并利用它来解题是非常重要的。**拿到一个几何图形或算式，找出和它相对称的几何图形或算式，从而通过整个"整体"获得大量的信息，然后根据所学到的数学性质和理论来解题。**对于那些难以把握的问题，通过寻找它的对称性就可以轻而易举地解题，这种方法屡试不爽。首先，让我们来看一下几何图形的对称。

几何图形的对称

题目： 如下图所示，**P**为直线上的一点。当**AP+PB**的长度为最短时，求**P**点的位置。

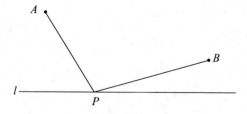

对于这道题，我们只要找出 B 点关于直线 l 的对称点，就能轻而易举地解决问题。

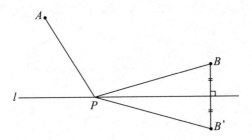

根据 B 点到直线 l 的垂直距离，找出 B 点关于直线 l 的对称点 B' 点。这样一来，$\triangle PBB'$ 就成了等腰三角形，也就是说，$PB=PB'$。由此可以得出：

$$AP+PB=AP+PB'$$

接下来我们就看一下，当 $AP+PB$ 的长度在最短的情况下，P 点的位置在什么地方。由于直线是两点之间最短的距离，那么如下图所示，当 P 点为直线 l 和直线 AB' 的交点 P_0 点的时候，$AP+PB'$ 的长度最短。

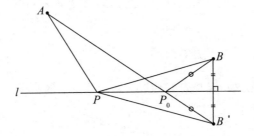

这是一道经典的数学题，通过 B 点关于直线 l 的对称点，我们可以把视线拓展到直线 l 的另一边，当我们得出 PB 是等腰三角形的一部分的时候，就可以运用"直线是两点之间最短的距离"这个公理来求出 P 点的位置。

针对几何图形的问题，为了更好地找出对称性，我给大家介绍一些诀窍。

题目： 如下图所示，将长方形**ABCD**的一角折起来，使得**B**点和**E**点重合，而通过**E**点可以将**AD**边3等分。求**FG**的长度。

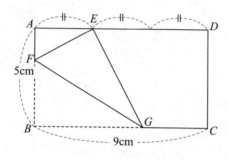

这道题的计算稍微有些复杂。关键就在于折叠之前和折叠之后图形的线性对称（镜像关系）。根据这一点，我们可以得知△FBG 和△FEG 是完全相同的两个三角形（对等），由此可以得出如下信息：

$$\angle FEG = 90°（△FEG \text{ 为直角三角形}）$$

$$FB = FE$$

$$BG = EG$$

那我们可以根据这三点信息和勾股定理求出 FG 的长度。

$$FG = \frac{17\sqrt{34}}{15}$$

有兴趣的话，大家不妨确认一下。

接下来，是算式当中的对称。

对称式

在数学当中有一种算式，我们将它称为对称式。

【对称式】

　　调换未知数之后，依旧和原先保持相等的多项式。

　　例）在 2 个未知数的情况下，对称式有：

$$x+y\text{、}xy\text{、}x^2+y^2\text{、}x^3+y^3\text{、}\frac{y}{x}+\frac{x}{y}$$

　　我们将 $x+y$ 和 xy 称为基本对称式。 在对称式当中有一个非常重要的性质，那就是，**无论多么复杂的对称式，都可以转换成一个个基本对称式的组合。**（关于这个性质的验证稍稍有一些难度，在这里就省略了）。

$$x^2+y^2=(x+y)^2-2xy$$

$$x^3+y^3=(x+y)^3-3xy(x+y)$$

$$\frac{y}{x}+\frac{x}{y}=\frac{(x+y)^2-2xy}{xy}$$

　　确实，这些对称式都能够用一个个基本对称式的组合来表示。让我们运用对称式的这个性质，来做一道高考数学题。

题目：　　$a\neq b$，当 $a^2+\sqrt{2}\,b=\sqrt{3}$、$b^2+\sqrt{2}\,a=\sqrt{3}$ 的时候，求

$$\frac{b}{a}+\frac{a}{b}$$

的值。

　　　　　　　　　　　　　　　　　　　　　　　　［实践女子大学］

　　首先，我们要注意到的是：

$$\frac{b}{a}+\frac{a}{b}$$

　　是一个对称式。根据对称式的性质，我们可以将这个对称式转换成基本对称

式（$a+b$ 或 ab）组合的形式。再根据题目当中所给出的 2 个方程式：

$$a^2+\sqrt{2}b=\sqrt{3} \quad \cdots\cdots①$$

$$b^2+\sqrt{2}a=\sqrt{3} \quad \cdots\cdots②$$

我们就可以求出 $a+b$ 和 ab 的值。那么，我们来看一下能不能求出①＋②和①－②的解。

根据①＋②，我们可以得出：

$$a^2+b^2+\sqrt{2}(a+b)=2\sqrt{3}$$

由于 a^2+b^2 可以转换成 $a^2+b^2=(a+b)^2-2ab$，我们将它代入到①＋②当中，就可以得出：

$$(a+b)^2-2ab+\sqrt{2}(a+b)=2\sqrt{3} \quad \cdots\cdots③$$

这样一来，我们就把方程式转换成了 $a+b$ 和 ab 组合的形式。但是，转换到这里之后，这个方程式就没法再转换下去了，我们先把它标注为③，搁在一边。

接下来，我们来看一下①－②：

$$a^2-b^2+\sqrt{2}(b-a)=0$$

$$(a-b)(a+b)-\sqrt{2}(a-b)=0$$

$$(a-b)(a+b)=\sqrt{2}(a-b)$$

根据题目当中给出的 $a\neq b$，就可以得出 $a-b\neq 0$，那么就把等号两边同时除以 $a-b$，从而得出：

> 顺便说一下，在做题的时候，如果遇到题目当中给出了 $a\neq b$，很可能就需要你把等号两边同时除以 $a-b$，从而对方程式变形。

$$(a+b)=\sqrt{2}$$

到了这个地方，我们基本上就算完成了一半。然后我们把 $(a+b)=\sqrt{2}$ 代入到方程式③当中去，得出：

$$(\sqrt{2})^2 - 2ab + \sqrt{2} \times \sqrt{2} = 2\sqrt{3}$$

$$-2ab = -4 + 2\sqrt{3}$$

$$ab = 2 - \sqrt{3}$$

好了，至此，ab 的值也求出来了！

接下来，就是算出最终的答案。

$$\frac{b}{a} + \frac{a}{b} = \frac{(a+b)^2 - 2ab}{ab}$$

$$= \frac{(\sqrt{2})^2 - 2 \times (2 - \sqrt{3})}{2 - \sqrt{3}}$$

$$= \frac{2 - 4 + 2\sqrt{3}}{2 - \sqrt{3}}$$

$$= \frac{2\sqrt{3} - 2}{2 - \sqrt{3}}$$

$$= \frac{2\sqrt{3} - 2}{2 - \sqrt{3}} \times \frac{2 + \sqrt{3}}{2 + \sqrt{3}}$$

$$= \frac{4\sqrt{3} - 4 + 6 - 2\sqrt{3}}{4 - 3}$$

$$= 2\sqrt{3} + 2$$

至此，我们就求出了 $\frac{b}{a} + \frac{a}{b}$ 的值。在这里，整个计算的过程并不重要，重要的是，**如果我们能够发现所要求值的算式是一个对称式的话，就可以运用对称式的性质来进行运算。**顺便说一下，在方程式的解和系数的关系当中，也能够用到对称式的性质。

【2 次方程式的解和系数的关系】

假设 $ax^2+bx+c=0$ 的解为 α 和 β，那么：

$$\alpha+\beta=-\frac{b}{a}$$

$$\alpha\beta=\frac{c}{a}$$

（对于以上定义的验证，我们只要用 2 次公式来计算一下，立马就能得出结果。）

在这里，$\alpha+\beta$ 和 $\alpha\beta$ 都是基本对称式。

除了对称式之外，在别的算式当中也能找到对称，比如相反方程式。

相反方程式

题目： 求 $x^4+7x^3+14x^2+7x+1=0$ 的解

"4 次方程式啊，不行！"请大家不要这么快就拒绝。让我们来看一下题目当中给出的方程式的系数：

$$1、7、14、7、1$$

可以看出，这些系数是以 14 为界线左右对称的。**方程式当中系数的排列为左右对称的形式，我们将这样的方程式称为"相反方程式"。只要将相反方程式当中同系数的项进行并项，就能够降低未知数的次方。**

我们将方程式当中同系数的项进行并项，得出：

$$(x^4+1)+(7x^3+7x)+14x^2=0$$

$$(x^4+1)+7(x^3+x)+14x^2=0$$

接下来就是解题当中最关键的地方了。由于我们能够很明显地看出这个方程式的解不是 $x=0$，因此，我们就可以将等号两边同时除以 x^2，得出，

$$\left(x^2+\frac{1}{x^2}\right)+7\left(x+\frac{1}{x}\right)+14=0 \quad \cdots\cdots①$$

由于：

$$\left(x+\frac{1}{x}\right)^2 = x^2 + 2x \cdot \frac{1}{x} + \frac{1}{x^2}$$

$$= x^2 + 2 + \frac{1}{x^2}$$

所以：

$$x^2 + \frac{1}{x^2} = \left(x+\frac{1}{x}\right)^2 - 2$$

把它代入到方程式①当中，就可以得出：

$$\left\{\left(x+\frac{1}{x}\right)^2 - 2\right\} + 7\left(x+\frac{1}{x}\right) + 14 = 0$$

$$\left(x+\frac{1}{x}\right)^2 + 7\left(x+\frac{1}{x}\right) + 12 = 0 \quad \cdots\cdots②$$

我们假设：

$$x + \frac{1}{x} = t$$

就可以将方程式②变形为如下 2 次方程式：

$$t^2 + 7t + 12 = 0$$

这样一来，我们就能够很轻易地将它进行因数分解：

$$(t+3)(t+4) = 0$$

$$\therefore t = -3 \text{ 或 } -4$$

这样，我们就求出 t 的值！然后我们再把 t 置换回去，当 $t = -3$ 的时候：

$$x + \frac{1}{x} = -3$$

两边同时乘以 x：

$$x^2 + 1 = -3x$$

$$x^2 + 3x + 1 = 0$$

接下来，我们运用 2 次公式，就可以得出：

$$x = \frac{-3 \pm \sqrt{3^2 - 4 \cdot 1 \cdot 1}}{2}$$

$$x = \frac{-3 \pm \sqrt{5}}{2}$$

同样的计算方法，当 $t = -4$ 的时候：

$$x = -2 \pm \sqrt{3}$$

根据上面的这两个数值，我们就可以得出方程式的解为：

$$x = \frac{-3 \pm \sqrt{5}}{2}, \quad -2 \pm \sqrt{3}$$

如果我们能够注意到题目当中方程式的各项系数左右对称，并将它整理出来，两两并项，那我们的视野也能够随之展开。也就是说，**如果遇到不知道该怎么去解题的 4 次方程式，可以想办法把它变成 2 次方程式，然后运用 2 次公式和因数分解的方法来解题。**

当我们发现图形和算式的对称性的时候，就能够扩展视野，获得更多的信息量，从整体出发，运用学过的理论、性质和信息来解题，甚至由此展开新的逻辑和理论。

现在我们所看到的并不是一个整体

我们可以试着通过一部分来推测出整体的样子

解题思路 4 "逆向思维"

作用：　根据新的切入点，避开困难的地方，找到解题的捷径。

下面这道题，你能够解答出来吗？

题目：　如下图形是一个边长为3cm的正方形和扇形的组合图形。求阴影部分的面积。

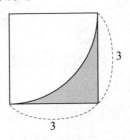

根据题目当中所给出的信息，我们无法直接求出阴影部分的面积，但是，我们可以用整体的面积减掉除阴影部分以外的面积，也就是说，用正方形的面积减掉扇形的面积：

$$3 \times 3 - 3 \times 3 \times \pi \times \frac{90}{360} = 9 - 9\pi \times \frac{1}{4}$$

$$= 9 - \frac{9}{4}\pi(cm^2)$$

如果从正面出击找不到答案，或者虽然能够找到答案，但是整个解题过程太过麻烦的话，那么我们不妨逆向思维，找到解题的捷径。

在解决数学问题的时候，我们要有不同的切入点，这一点非常重要。在看待事物上培养观点的多样性，这也是学习数学的目的之一。

"至少如何如何……"，遇到这种问题，我们不妨逆向思维

题目： 在自然数的3位数当中，至少含有1个1的数字，有多少个？

像这种"至少如何如何"的说法，是需要我们保持警惕的。在自然数的 3 位数当中，有如下 4 种类型：

① 1 个 1 都不含的数字

② 含有 1 个 1 的数字 ⎫
③ 含有 2 个 1 的数字 ⎬ 至少含有 1 个 1 的数字
④ 含有 3 个 1 的数字 ⎭

4 种类型当中，"至少含有 1 个 1"的数字包括②③④这 3 种。如果你就按照这种思维方式，一种一种想下去，恐怕会相当麻烦。

反过来，我们只要从所有的 3 位数当中，去除第①种类型的数字就可以了，这不失为一种捷径。

3 位数当中，1 个 1 都不含的数字：

百位：2～9，有 8 种情形；

十位：0，2～9，有 9 种情形；

个位：0，2～9，有 9 种情形。

因此，3 位数当中，第①种类型的数字总共有：

$$8 \times 9 \times 9 = 648 \text{（个）}$$

所有的 3 位数，100～999，总共有 900 个，那么，至少含有 1 个 1 的数字有：

$$900 - 648 = 252 \text{（个）}$$

我建议大家，针对这种"至少如何如何……"的问题，要养成逆向思维的习惯。

反证法

反证法是验证方法当中最具代表性的方法之一。所谓反证法，就是当你想要证明某个事物的时候，先进行否定假设，再从中找出自相矛盾的地方。

【反证法】

①对想要证明的事物，先进行否定假设；

②再从中找出自相矛盾的地方。

人们一听到"反证法"这个词，就会以为它很复杂，实际上，这是一种很简单的思考方法。让我们来看下面这张示意图。

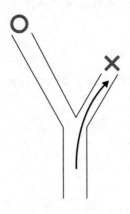

这是一个三岔口，一条道通往目的地，距离为 2km，而另一条道通向山崖

边，距离为 1km。现在有 100 个人来到这个三岔口，他们不知道哪条道才是正确的。如果所有人都往左边走，万一左边是山崖的话，这一来一回就是 2km，折回来之后再前往目的地又是 2km，加起来就要走 4km，我们当然要回避这种风险。这时候，大家派 1 个人为代表，选择右边的这条道去探探路。当大家知道右边的这条道通往山崖之后，余下的 99 人都带着自信，走上了左边这条道，只有作为代表前去探路的那 1 个人走了 4km。

像这样，在有两种选择的情况下，如果我们知道其中的一种是自相矛盾（山崖）的话，那么，另外那一种就一定是正确的，根本无需再确认。这就是反证法的思考方式。

再比如"人类永远都无法发明出时光穿梭机"这个论点，想要从正面来论证实在是太难了。就拿 5 年前来说，我们根本想不到会出现 Twitter、facebook、iPad 或舒马赫（写作时是 2012 年），同样，我们也很难否定，在将来的某一天，会不会有人发明了时光穿梭机。

这个时候，我们就可以将需要证明的论点进行相反的假设："在未来的某一天，人类发明了时光穿梭机"。这样一来，未来人当中的某一个就会穿越到现在，与我们相会。但是，我们当中还没有哪一个人曾经遇到过来自未来的人，史书上也没有这样的记载，因此，我们假设"在未来的某一天，人类发明了时光穿梭机"就是错误的，我们就能够得出"人类永远都无法发明出时光穿梭机"的结论。

（在这里，我没有把多元宇宙的假设考虑进去。实际上，我并不讨厌这种科幻想象。）

一般情况下，想要证明"不存在"或"不可能"，比证明"存在"或"可能"要困难得多。比如有名的费马大定理，整个论证的过程就花费了 360 年。这也是一个论述"不存在"的原理。

【费马大定理】

$$x^n + y^n = z^n$$

当 n 是 3 以及 3 以上的自然数时，除了 0 之外，没有任何数能够满足这个方程式的 (x, y, z)。

最终证明了费马大定理（1994 年）的安德鲁·怀尔斯，采用的正是基本的反证法来进行证明的。也就是说，他假设了除 0 以外，符合 (x,y,z) 的数字"存在"，然后再从中找出自相矛盾的地方（当然了，这是一个具有相当高度的论证）。

另外，像"无理数（不能用分数来表示的数字）"这种无法用未知数来进行归纳的数字，还有那些难以把握的"无限循环"的数列，对它们的验证，我们就可以用反证法来进行。

- 证明某个数字为无理数：

  假设该数字为有理数（能够用分数来表示的数字）→从中找出自相矛盾的地方。

- 证明某个数列是无限循环的：

  假设该数列所包含的数字是有限的→从中找出自相矛盾的地方。

下面这个反证法的例题非常有名，历来被各类教科书所引用。

题目：　证明 $\sqrt{3}$ 为无理数。

首先，让我们来复习一下"无理数"。实数可以分为有理数和无理数两种类型。

有理数：能够用分数来表示的数字。

　　例）$2 = \dfrac{2}{1}$，$0.5 = \dfrac{1}{2}$，$0.33333\cdots\cdots = \dfrac{1}{3}$ 等。

无理数：不能用分数来表示的数字。

　　例）$\sqrt{2}$，π，$\log_{10} 2$，e（自然对数的底数）等。

用反证法来证明无理数的原因有 2 点：

- 任何一个实数，它不是有理数，就一定是无理数；
- 因为无理数"不能用分数来表示"，那我们就来证明这个"不能"。

接下来，我们就来实际验证一下吧。

首先，为了证明$\sqrt{2}$为无理数（不能用分数来表示），那么反过来，我们就假设"$\sqrt{2}$为有理数（能够用分数来表示）"。

（证明）

假设$\sqrt{2}$为有理数，那么如下方程式成立：

$$\sqrt{2} = \frac{b}{a}$$

在这里，$\dfrac{b}{a}$为**不可约分数**（a和b之间没有公约数）。

↑

（看到后面你就会明白，我为什么要在这里用粗体字注明。）

然后求方程式等号两边$\sqrt{2}$和$\dfrac{b}{a}$的2次方，得出：

$$2 = \frac{b^2}{a^2}$$

移项，得出：

$$b^2 = 2a^2 \quad \cdots\cdots ①$$

由此我们可以得出，b^2是2的倍数，也就是说b^2为偶数，又因为奇数的平方不是偶数，所以b也是偶数。在这里，我们给出一个整数m，假设：

$$b = 2m$$

然后将它代入到方程式①当中：

$$(2m)^2 = 2a^2$$
$$\longleftrightarrow 4m^2 = 2a^2$$
$$\longleftrightarrow a^2 = 2m^2$$

那么，我们可以得出a^2也是偶数……这么说，a也是偶数咯。

看到这个地方，如果你觉得"咦？这不是自相矛盾吗"，那就说明你的思维很敏锐。

不过，假使你没有发现什么也没关系。想要发现这些矛盾的地方，需要很强的思维能力。

现在我们把证明过程当中标注为粗体字的部分再拿出来。

$$\frac{b}{a}$$ 为不可约分数（a 和 b 之间没有公约数）

↓

b 是偶数

↓

a 也是偶数

这是怎么一回事？既然是不可约分数，那么分母和分子怎么会都是偶数呢（分母和分子都能够除以 2，怎么会是不可约分数呢）？由此我们可以得出，这是自相矛盾的！而产生矛盾的原因，就在于我们一开始假设"$\sqrt{2}$ 是有理数"，也就是说，这个假设是错误的。由此，我们就能够证明"$\sqrt{2}$ 是无理数"。

总之，当我们从正面思考难以找出头绪，或者是找出的头绪不清楚的时候，可以试着换一个"新的切入点"，比如说逆向思维，而这个新的切入点，也许就能帮我们找到解题的捷径。

解题思路 5 "与其考虑相加，不如考虑相乘"

作用： 通过方程式的变形来获取更多的信息。

相关方程式的信息量

在本章的一开始，我想给大家讲一讲"相关方程式的信息"。我们将方程式进行变形，其目的只有一个，那就是**通过方程式的变形来获取更多的信息，使其更容易被破解**。这好像是人人都知道的事情，但是有一些不会解题的学生，不管拿到什么题目，都随意地把方程式变来变去，他们并不清楚怎样才能"获取更多的信息"。

如下图所示，根据不同的变形方式，所获取的信息量也不相同。

相关方程式的信息量：

少

① $A+B=0$

② $A \times B=0$

③ $A^2+B^2=0$

多

按照①②③的顺序，我们来依次进行分析：

$$① \quad A+B=0$$

从这个方程式当中，我们仅仅能够知道：

$$A=-B$$

也就是说：

$$\square+\triangle=0$$

能够代入到 $\square$ 和 $\triangle$ 当中的数值有很多，既可以是 3 和 -3，也可以是 10 和 -10。具体是什么数值，我们也搞不清楚。如果是：

$$② \quad A\times B=0$$

我们就能知道 A 和 B 当中至少有一个数字是 0。由此，我们从方程式②当中所获得的信息比从方程式①要多得多，这就是解 2 次方程式的时候要进行因数分解的原因。

比如如下 2 次方程式：

$$x^2-5x+6=0$$

我们可以看到，方程式等号左边是由 x^2、$-5x$ 和 6 这三项相加而成的，也就是之前方程式①的形式。仅仅从这个方程式当中，我们无法得知 x 等于多少。但是，我们可以将它进行因数分解。

$$(x-2)(x-3)=0$$

一旦变成这种两项相乘的形式，我们就可以得出：

$$x-2=0 \text{ 或 } x-3=0$$

由此，我们就得出方程式的解为：

$$x=2 \text{ 或 } x=3$$

看到这里，我们就明白解方程式的时候要不厌其烦地进行"因数分解"的原因了。不错，**通过因数分解，我们能够将方程式变形，变成两项相乘的形式，从而获得更多的信息。**

接下来，让我们来看一下方程式③这种特殊的情况：

$$③ \quad A^2 + B^2 = 0$$

由于 A^2 和 B^2 都是大于等于 0 的，并且 A^2 和 B^2 相加等于 0，那么我们就能够得出 $\{A=0$ 且 $B=0\}$。这就好比说，太郎和次郎两个人决定"把身上所有的钱都放进这个储蓄罐里面"，等到储蓄罐从兄弟两人的手上转了一圈之后，里面还是一分钱都没有，这就说明两个人都身无分文。

一般来说，在 2 个以上未知数的情况下，如果未知数的数量大于方程式的数量，那我们就无法得知未知数的准确数值。比如说，如果题目当中只给出了 $x+2y=3$ 这么一个方程式，那么我们就无法求出 x 和 y 的值。但是，如果是下面这个方程式的话，又会怎么样呢？

$$x^2 + y^2 - 4x - 10y = -29$$

虽然只有一个方程式和 x、y 两个未知数，不过这次，我们可以将方程式进行如下变形：

$$(x-2)^2 + (y-5)^2 = 0$$

由此我们可以得出：

$$x - 2 = 0 \text{ 且 } y - 5 = 0$$

从而，我们可以求出这两个未知数的数值：

$$x = 2 \text{ 且 } y = 5$$

如果题目当中给出了 2 个未知数，却只给了 1 个方程式，那我们就可以考虑一下，能不能把方程式转换为方程式③的形式。如果不能，那就干脆去做下一题。倒不是说这道题就解不出来了，而是恐怕会非常非常难。

虽说最后一个方程式③能够给我们带来更多的信息，但是，能够把题目给出的方程式变形为这种形式的情况很少很少，所以我们还是把方程式②，也就是**两项相乘的形式**，作为方程式变形的基本方针。

不等式的证明

通过两项相乘的形式能够让我们获得更多的信息。为了让大家有更深切的体会，我们来举一个有关不等式证明的例子。

题目： 证明当 $x>1$，$y>1$ 的时候，不等式 $xy+1>x+y$ 成立。

在证明之前，有一点是需要大家知道的：在数学当中，相对于具体的数字来说，未知数的数值是大是小都没有什么实质性的问题，但是，未知数是正数还是负数就有很大的区别。在这里，我们可以把题目当中给出的条件：

$$x>1，y>1$$

进行相应的变形，得出：

$$x-1>0，y-1>0$$

这是我们对不等式 $xy+1>x+y$ 进行证明的前提。

$$A>B$$

如果想要证明这种形式的不等式，我们可以用左边减掉右边的方法，这会让整个证明过程变得相对简单：

$$A-B>0$$

这样一来：

$$左边 - 右边 = xy + 1 - (x+y)$$
$$= xy - x - y + 1$$

如果 "xy $x-y+1$" 大于 0 的话就最好不过了，但是我们不能强行这么表示，因为我们不知道 $xy-x-y+1$ 是否大于 0。对于题目当中所给出的不等式，我们只能进行加法和减法运算的变形，这样获得的信息就太少了。至于题目当中所给出的 $x>1$，$y>1$ 的条件，我们不知道究竟该怎么去运用。

为了获得更多的信息，我们就想办法把算式变成两项相乘的形式，也就是进行因数分解。

$$xy - x - y + 1 = x(y-1) - y + 1$$
$$= x(y-1) - (y-1)$$
$$= (x-1)(y-1)$$

你看，这样一来，能够获得的信息一下子就增多了！根据题目当中给出的条件 $x>1$，$y>1$，我们得出"$x-1>0$，$y-1>0$"，那么（$x-1$）和（$y-1$）各自得出的数值都应该是正数。将这两个正数相乘，得出的数值也是正数。根据以上结论，我们得出：

$$左边 - 右边 = (x-1)(y-1) > 0$$
$$\therefore 左边 > 右边$$
$$xy + 1 > x + y$$

由此，我们就可以证明题目给出的不等式是正确的！

对于一开始的"$xy-x-y+1$"的难以理解、难以把握，和后来的"（$x-1$）（$y-1$）"的容易理解、容易把握，这之间的区别正是我想要大家去体会的，即**两项相加所能获得的信息量，与两项相乘所能获得的信息量之间的差距。**

接下来，我们再来挑战一道有关整数方面的数学题，同样是通过两项相乘来获得更多的信息量。一般来说，和整数有关的数学题，从题目给出的条件和算式中能够得出的信息量很少，那么，怎样获得更多的信息就显得尤为重要。因此，我们还是要想办法把两项相加变成两项相乘。

题目： 求方程式 $a^3 - b^3 = 65$ 的所有整数解 (a, b)。

　　像这样的题目，我们能够获得的信息几乎没有，简直让人束手无策。那么，首先让我们将方程式的等号左边进行因数分解，看看能不能把它变为两项相乘的形式。在这里，我们要用到因数分解的公式：

$$a^3 - b^3 = (a-b)(a^2 + ab + b^2)$$

（如果你不知道因数分解的公式也没有关系，请不要着急上火。）

这样一来，题目当中的方程式就能够变形为：

$$(a-b)(a^2 + ab + b^2) = 65 \quad \cdots\cdots ①$$

　　我们还要用到在本书第 1 部分当中所提到的"平方转换的基本公式"，从而得出：

$$a^2 + ab + b^2 = \left(a + \frac{b}{2}\right)^2 + \frac{3}{4}b^2 \geqslant 0 \quad \cdots\cdots ②$$

　　在方程式①当中，$(a-b)$ 乘以 $(a^2 + ab + b^2)$ 等于 65，正因为 65 是一个正数，所以 $(a-b)$ 和 $(a^2 + ab + b^2)$ 各自得出的数值应该是相同符号的（同为正数，或同为负数）。

　　根据算式②，我们可以得知 $(a^2 + ab + b^2)$ 大于等于 0，也就是正数。那么，二者相结合起来，就是 $a-b$ 和 $a^2 + ab + b^2$ 同为正数。

　　即使到了这个地方，我们依然没有找到答案。在这种情况下，我们就不能只限于把方程式等号左边的两项未知数变成两项相乘的形式，对于等号右边的数字"65"，我们同样可以考虑用两项相乘的形式来表示。也就是说，把 65 转换为 $65 = 1 \times 65 = 5 \times 13$ 的形式。这样一来，题目就可以变形为：

$$(a-b)(a^2 + ab + b^2) = 1 \times 65 = 5 \times 13$$

　　于是，我们一下子就可以得出，方程式 $a^3 - b^3 = 65$ 的整数解，就在如下 4 组联立方程式当中：

$$① \qquad \begin{cases} a - b = 1 \\ a^2 + ab + b^2 = 65 \end{cases}$$

② $$\begin{cases} a-b=65 \\ a^2+ab+b^2=1 \end{cases}$$

③ $$\begin{cases} a-b=5 \\ a^2+ab+b^2=13 \end{cases}$$

④ $$\begin{cases} a-b=13 \\ a^2+ab+b^2=5 \end{cases}$$

看到这个地方，感觉怎么样？和一开始的束手无策相比，现在是不是觉得很容易就能够解题了？接下来，只需要求这 4 个联立方程式的解就可以了。因为只是简单的运算，所以在这里就省略过程了。最终我们得出，①号没有整数解，②号和④号也没有实数解，只有③号联立方程式的解符合题意。那么，方程式 $a^3-b^3=65$ 的整数解，就是如下两组：

$$(a, b) = (4, -1), (1, -4)$$

把方程式或不等式变形为两项相乘的形式，从而获得更多的信息，最终解题，我希望大家在做题的时候能够保持这种感觉，掌握这种方法。如果你知道怎样变形才能获得更多信息，那么，数学题对你而言就没有什么可担心的了。

解题思路 6 "相对比较"

作用：	通过减法运算找出隐藏的性质。

相对比较＝减法运算

相对比较其实就是一种减法运算，通过结果，找出两者的"差距"。

比如说，当你坐在时速为 100km 的汽车上，透过车窗，看窗外和你保持相同方向的时速为 200km 的新干线列车的时候，你就会发现：

$$200-100＝100$$

新干线列车以 100km 的速度离你远去。当然了，假如你乘坐的汽车也保持 200km 的速度，和新干线并排前行的话：

$$200-200＝0$$

那么，对你来说，新干线列车就好像停止了一样。

这就是相对比较：**用对方的数值减掉自己的数值（基准数值），从而得出差距。**

无限循环小数

所谓无限循环小数，就是像 2.55555……、0.147147147147……这种某一个数字或者某一组数字无限循环的小数。

为什么无限循环小数难以把握？毫无疑问，就是因为小数点后面无限延续。那么，我们不妨找出一个同样是小数点后面无限延续的数字，然后再比较出两者之间的"差距"。

在最近几年的体育比赛转播当中，我们经常能够看到同步拍摄的影像。所谓同步拍摄，就是在车上架起摄像机，跟着运动员一同前进，进行拍摄。我们可以通过同步拍摄的影像，对运动员跑步的动作姿势进行仔细观察，并且在到达终点的那一瞬间，能够看清楚谁先谁后。这种同步拍摄的创意，就源自于"相对比较"的思路。

那么，让我们来看一道具体的数学题。

题目： 用分数来表示无限循环小数0.147147147147……

首先，假设该循环小数为 x。

$$x = 0.147147147147\cdots\cdots$$

关键就在于接下来这一步：找一个小数点后面同样是 $147147147\cdots\cdots$ 无限循环的数字，这样就能达到和同步拍摄一样的效果。

那么，我们就给出这样一个数字：

$$1000x = 147.147147147147\cdots\cdots$$

我们只要找出 x 和 $1000x$ 之间的"差距"，就能抓住这个无限循环小数。接下来，我们用 $1000x$ 减去 x，得出：

$$
\begin{aligned}
1000x &= 147.147147147147\cdots\cdots \\
-)\quad x &= 0.147147147147\cdots\cdots \\
\hline
999x &= 147 \\
x &= \frac{147}{999} = \frac{49}{333}
\end{aligned}
$$

由此，我们可以得出：

$$x=0.147147147147\cdots\cdots=\frac{49}{333}$$

可见，如果没有比较的话，我们就很难把握小数点后面无限循环的数字，而找一个小数点后面保持一致的数字来作为参照物，也就是相对比较，我们很容易就能找出两者之间的"差距"。

差分数列

接下来是这样一道数学题。

> **题目：**　1，2，4，7，11，16，22，29，……
>
> 问：在这个数列当中，第100个数字是多少？

"呃……不知道！"

说实话，不知道也很正常，但是，不要轻易放弃。我们不妨来看一下相邻两个数字的"差"：

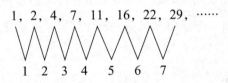

怎么样，这下子我们找到这个数列的规律了吧？我们可以看到，原先数列当中，相邻两个数字之间的差为：

1，2，3，4，5，6，7……

所得的差呈等差数列。通过"相对比较"，我们能够找到原先数列当中隐藏的规律！这样一来，想要找到第 100 个数字就没有那么难了。比如说，在原先的数列当中，第 5 个数字为 "11"，那我们用第 1 个数字 "1" 加上前 5 个数字之间的差，就可以得出第 5 个数字的数值：

$$1+（1+2+3+4）=11$$

同样的方法，在原先数列当中，第 8 个数字为 "29"，我们用第 1 个数字 "1"，加上前 8 个数字之间的差，也可以得出第 8 个数字的数值：

$$1+（1+2+3+4+5+6+7）=29$$

同理，在原先数列当中第 100 个数字的数值，就是用第 1 个数字 "1"，加上前 100 个数字之间的 99 个差：

$$1+（1+2+3+……+99）$$

在这里，我们需要用到等差数列和的公式（不知道这个公式也没有关系）：

$$1+2+3+……+99=\frac{（1+99）\times 99}{2}=4950$$

然后再加上第 1 个数字 "1"，得出，

$$1+4950=4951$$

由此得出，第 100 个数字为 4951。

像这样的数列，乍一看好像没有任何的规律，但是，我们只要把数列当中相邻两个数字之间的差给算出来，就能够找到其中隐藏的规律。然后，我们把这些数字之间的 "差" 相加，就能够知道数列当中任何一个数字是多少。这就是差分数列的解题思路。

在本章的最后，我们来看一道应用题。

题目： 　在平面上有100条直线，没有任何2条直线相互平行，也没有任何3条直线有共同的交点。求平面上总共有多少个交点？

一下子想象 100 条直线实在是太难了，所以我们换一种方法来思考。假设有 n 条直线，那么，当我们画出第 $n+1$ 条直线的时候，交点的数目增加了多少？**也就是说，当平面上有 n 条直线和有 $n+1$ 条直线的时候，各有多少个交点？求这两者之间的交点数目的"差"。**

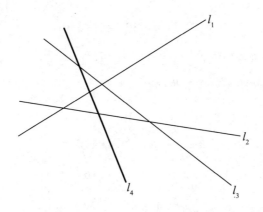

比如说，原先有 3 条直线，第 4 条直线和之前的 3 条直线相交，增加了 3 个交点。同样的道理，原先有 9 条直线，当画出第 10 条直线的时候，增加了 9 个交点。

我们用未知数来归纳。假设平面上有 n 条直线，交点的数目总共为 a_n。当画出第 $n+1$ 条直线的时候，又增加了 n 个交点。由此，我们列出如下方程式：

$$a_{n+1} = a_n + n \quad \cdots\cdots \text{☆}$$

还是很难？没关系，只要我们把具体的数字代入到未知数 n 当中，就不难了。

首先，当 $n=1$ 的时候，因为只有 1 条直线，所以交点的数目为 0，也就是：

$$a_1 = 0$$

我们将代入 n 的数字逐步加大，就可以得出：

$$a_2 = a_1 + 1 = 0 + 1 = 1$$
$$a_3 = a_2 + 2 = 1 + 2 = 3$$
$$a_4 = a_3 + 3 = 3 + 3 = 6$$

$$a_5 = a_4 + 4 = 6 + 4 = 10$$

$$a_6 = a_5 + 5 = 10 + 5 = 15$$

$$a_7 = a_6 + 6 = 15 + 6 = 21$$

可以看到，随着直线数目的增加，交点的数目也在增加：

$$0,\ 1,\ 3,\ 6,\ 10,\ 15,\ 21\cdots\cdots$$

这时候，善于思考的读者就会发现，我们可以用相对比较的思路找出数列当中相邻两个数字之间的"差"的规律：

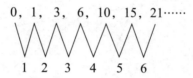

在这个数列当中，第 100 数字是第 1 个数字"0"加上前 100 个数字之间的 99 个差：

$$0 + (1 + 2 + 3 + \cdots\cdots + 99)$$

我们来计算一下：

$$1 + 2 + 3 + \cdots\cdots + 99 = \frac{(1 + 99) \times 99}{2} = 4950$$

那么，当平面上有 100 条直线的时候，总共有 a_{100} 个交点：

$$a_{100} = 0 + 4950 = 4950$$

由此我们得出，交点的数目为 4950 个。

怎么样？通过相对比较，我们从整体当中找出相邻的两个数字，求出这两个数字之间的差，然后再根据这个"差"，找到相邻两个数字之间的关系，从而找到整体的规律。

除了无限循环小数和差分数列之外，在高中数学当中，能够用到相对比较这种思路的地方还有一部分的分数分解、循环公式和向量的分解。

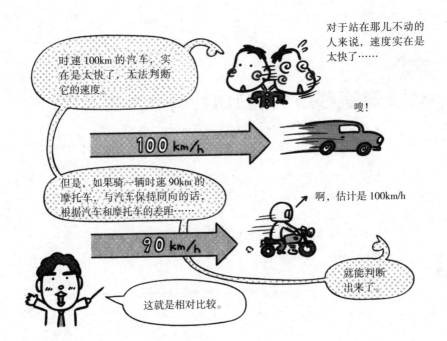

对于站在那儿不动的人来说，速度实在是太快了……

时速 100km 的汽车，实在是太快了，无法判断它的速度。

嗖！

100 km/h

但是，如果骑一辆时速 90km 的摩托车，与汽车保持同向的话，根据汽车和摩托车的差距……

啊，估计是 100km/h

90 km/h

就能判断出来了。

这就是相对比较。

解题思路 7 "归纳性的思考实验"

作用： 代入具体的数字进行思考能够加深理解，对解题有一个大概的预想。

代入具体的数字，能够加深理解

对于刚刚接触未知数的初一学生来说，像这样的问题，很多人都是一头雾水，不知所措。

题目： 一幅宣传画由3个学生花了12天时间合力完成。现在假设有 x 名学生，花了 y 天的时间完成同样一幅宣传画，求 y 等于多少 x。

这时候，我会给学生们如下的提示：

"1 个人完成要多少天的时间？"

他们估计会这样回答：

"3 个人要 12 天的时间，那么 12 天的 3 倍……36 天！"

我又问：

"假如 2 个人呢？"

"36 天的一半······18 天!"

"那么 4 个人呢?"

"将 18 天再分成一半······9 天!"

"那么,假设人数为 x 人,制作的天数为 y 天,请大家做出表格。"

然后学生们就会做出如下表格:

x	1	2	3	4	······	6	······	12	······	36
y	36	18	12	9	······	6	······	3	······	1

做完表格,几乎所有的学生都会发现:

"啊,原来是 $x \times y = 36$!"

于是就能得出答案:

$$y = \frac{36}{x}$$

虽然刚拿到题目的时候不知道该怎么办,但是,**只要代入具体的数字,就能够找到解决问题的头绪。**

加深印象,提出猜想

"总共 x 人,吃了 y 克的肉!"

听了这话,你肯定没有任何的感觉,但是,如果这么说:

"4 个人总共吃了 1200 克的肉!"

你就会觉得:"吃了这么多的肉!"虽说数学的最终目标就是使用未知数来进行归纳,但是,对于看不太明白的问题,我们可以代入具体的数字,从而加深理解,并且随着理解的加深,我们可以提出归纳性的猜想。

不断"实验"

不只是数学这一门学科,在所有科学当中,人们发现的定理和法则几乎都是通过对自然界的观察或者是实验的结果,从而提出猜想,最后得以证明出来的。

观察和实验，才是发现自然界当中各种法则的根源。

一说到"实验"，人们往往想到的就是理工方面的实验，实际上，数学当中也有实验。**代入具体的数字，进行归纳性的思考**，我们称之为思考实验。

我们所学到的大多数数学定理并不是一开始就归纳总结出来了，而是前人通过归纳性的（具体性的）思考过程，提出猜想，最终得以验证出来的。

归纳性的思考→提出猜想→对总结出来的规律和法则进行验证

这就是解决问题最有效的方法。

在本书的第 2 部分，我给大家讲过演绎法与归纳法。现在让我们来复习一下。

【演绎法】

· 把在整体当中成立的理论应用到部分当中去。

　例）鱼可以在水下呼吸，金鱼也可以在水下呼吸。

【归纳法】

· 把在部分当中适用的理论推及到整体当中去。

　例）金鱼、大马哈鱼、沙丁鱼、金枪鱼都可以在水下呼吸，

由此可以得出，鱼可以在水下呼吸。

那么，我们来看下面这道题。

题目：　　如图所示，下面用石头拼成的正方形，边长分别为2块、3块、4块石头。那么，想要拼出第 n 个正方形，需要多少块石头？

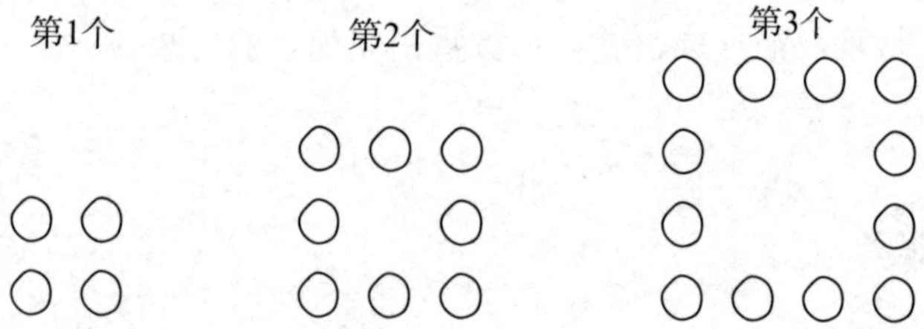

第1个　　　　　第2个　　　　　　　第3个

如果只是看着题目思考，我们很难想得出答案，倒不如把实际用掉的石头数写下来：

　　第 1 个正方形：4 块；第 2 个正方形：8 块；第 3 个正方形：12 块。

这样一来，我们就看到规律了：所用掉的石头数依次增加 4 块。那么接下来，要想拼出第 4 个正方形，就应该用掉 16 块石头。保险起见，我们可以进行"实验"，看一下拼出第 4 个正方形到底需要多少块石头。

第4个

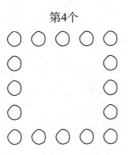

　　第 4 个正方形：16 块。

　　之前的猜想是正确的！接下来，我们将它进行归纳（用未知数来表示）。也许有人觉得用未知数来表示会很难，没关系，我们再来看一下拼出第 10 个正方形会用掉多少石头。

　　第 10 个正方形：$4+4\times9=4+36=40$ 块

　　那么，第 100 个正方形呢？就是加上 99 次 4 块石头。

　　第 100 个正方形：$4+4\times99=4+396=400$ 块

这样一来，我们就可以将它进行归纳。想要拼出第 n 个正方形，所需要的石头的数量为拼出第 1 个正方形所用掉的 4 块石头，再加上 $(n-1)$ 次 4 块石头。

　　第 n 个正方形：$4+4\times(n-1)=4+4n-4=4n$ 块

看到这个地方，那些思维敏锐的人又会有疑问了："当真是依次增加 4 块石头吗？这当中有没有别的情况，比如说增加 8 块石头？"这个问题问得很好。我们所得到的**"第 n 个正方形需要 $4n$ 块石头"的答案**，说到底只不过是一种猜想，对它进行数学证明是很有必要的。

　　因此，我给大家介绍一个很有效的证明方法——"数学归纳法"。

数学归纳法

首先让我们来复习一下什么是数学归纳法。**数学归纳法，是数学当中的论证方法之一，是用来证明有关自然数（正整数）的问题的方法。**

【数学归纳法的步骤】

①证明当 $n=1$ 的时候算式成立；

②假设当 $n=k$ 的时候算式成立，证明 $n=k+1$ 的时候算式成立。

在使用数学归纳法进行证明的过程当中，最关键的一点就在于，我们无需证明就可以假设当 n＝k 的时候算式成立，然后在证明 n＝k+1 的时候再用上这个假设。那么，为什么说数学归纳法就是一种正确的证明方法呢？

让我们用多米诺骨牌来举例说明原因。从第一张多米诺骨牌倒下开始，到后面的牌依次全部倒下，想要做到这一点，我们在排列多米诺骨牌的时候，就要考虑到前面一张牌倒下时能否压倒后面的一张牌。如果前面一张牌摆放的位置不对，不能压倒后面一张牌，那就失败了。

如果用多米诺骨牌来比喻的话，数学归纳法中的第①个步骤——说明当 n＝1 时算式成立，就是想要确认最开始的那张牌能够倒下，而不是被胶水给固定住了。接下来，数学归纳法当中的第②个步骤——假设当 n＝k 的时候算式成立，证明 $n=k+1$ 的时候算式成立，就是确认不论哪一张牌，当前面一张牌倒下的时候，后面的牌也能依次倒下。

如果以上 2 点都能确认的话，那么，即使不去推倒多米诺骨牌，我们也能确信，所有的牌都会倒下。

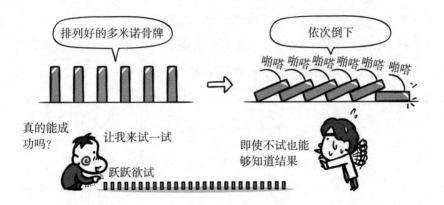

但是，有一点必须要注意：在证明的第②步当中，k 和 $k+1$ 都是未知数，也就是说，我们要证明归纳之后的算式是成立的，即所有的自然数代入进去之后，算式都能够成立。因此，我们说数学归纳法是一种演绎性的证明方法。

我们再回到先前拼出正方形需要多少石块的问题上来。我们提出了猜想"拼出第 n 个正方形需要 $4n$ 块石头"，现在，我们用数学归纳法来证明。

①当 $n=1$ 的时候，从题目中我们能够看到，

第 1 个正方形：$4 \times 1 = 4$ 块石头，

由此我们能够判断，这是正确的。

②当 $n=k$ 的时候，

假设第 k 个正方形：$4 \times k = 4k$ 块石头，

那么，当 $n=k+1$ 的时候，如下图所示，相对于第 k 个正方形增加了 4 块石头：

（●为增加的部分）

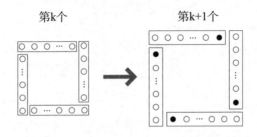

第 $k+1$ 个正方形：$4k+4 = 4(k+1)$ 块石头。

通过数学归纳法，我们证明出这个猜想的正确性。

怎么样？你是否体会到了数学归纳法的实用性？总之，当我们遇到有关自然数的问题，一下子答不上来的时候，我们不妨：

> 归纳性思考（代入具体的数字），从而提出猜想
>
> ↓
>
> 将得出的猜想用数学归纳法来进行证明

这才是解这一类问题的王道。

那么，我们就按照这种思路，来试一道难度较高的题。

题目：
$$a_1=3,\ a_{n+1}=\frac{3a_n-4}{a_n-1}\ (n=1,\ 2,\ 3\cdots\cdots)$$
求数列 $\{a_n\}$ 的通项。

像这种表示相邻两项（a_n 和 a_{n+1}）之间关系的算式，我们称为递推方程式。

首先，我们将 1，2，3……代入到题目当中去，从而提出对 $\{a_n\}$ 的通项的猜想。

$$a_1=3$$

$$a_2=\frac{3a_1-4}{a_1-1}=\frac{3\times3-4}{3-1}=\frac{5}{2}$$

$$a_3=\frac{3a_2-4}{a_2-1}=\frac{3\times\frac{5}{2}-4}{\frac{5}{2}-1}=\frac{\frac{7}{2}}{\frac{3}{2}}=\frac{7}{3}$$

$$a_4=\frac{3a_3-4}{a_3-1}=\frac{3\times\frac{7}{3}-4}{\frac{7}{3}-1}=\frac{\frac{9}{3}}{\frac{4}{3}}=\frac{9}{4}$$

$$a_5 = \frac{3a_4 - 4}{a_4 - 1} = \frac{3 \times \frac{9}{4} - 4}{\frac{9}{4} - 1} = \frac{\frac{11}{4}}{\frac{5}{4}} = \mathbf{\frac{11}{5}}$$

怎么样？找着规律了吗？如果我们把一开始的 $a_1 = 3$ 看做：

$$a_1 = \frac{3}{1}$$

就能够发现：

分母为 1，2，3，4，5……

分子为 3，5，7，9，11……

这样一来，我们就能提出猜想，下一个数字 a_6 为：

$$a_6 = \frac{13}{6}$$

然后，我们再试着进行归纳。

由于分母是从 1 开始递增的整数（第几个数字，分母就是几），分子是从 3 开始的奇数，我们能够提出猜想：

$$a_n = \frac{2n+1}{n}$$

如果有读者觉得"总结"起来很难的话，只要对根据 $a_1 \sim a_6$ 进行总结并提出的猜想进行验证就可以了。对于和数列有关的问题，我们必须要习惯于总结和提出猜想。多练习几次就好了。

对于高中以下的数学考试，像这样提出猜想，进行答题就可以得满分，但是到了高中以后就不行了。为什么呢？因为我们无法保证猜想的正确性。比方说上面这一题，我们只知道到 a_5 为止的猜想正确，但是不能保证从 a_6 开始，后面所有猜想都是正确的。我们必须证明猜想的正确性。至于证明的方法，就用刚刚讲过的数学归纳法。

$$a_n = \frac{2n+1}{n} \quad \cdots\cdots \stackrel{\rightarrow}{\leftarrow}$$

让我们来证明这个猜想的正确性。

①当 $n=1$ 的时候：

$$a_1 = 3 = \frac{3}{1}$$

由此可以判断，这是正确的。

②假设当 $a=k$ 的时候：

$$a_k = \frac{2k+1}{k}$$

那么可以得出：

$$a_{k+1} = \frac{3a_k - 4}{a_k - 1}$$

$$= \frac{3 \times \frac{2k+1}{k} - 4}{\frac{2k+1}{k} - 1}$$

$$= \frac{\frac{3(2k+1) - 4k}{k}}{\frac{2k+1-k}{k}}$$

$$= \frac{\frac{2k+3}{k}}{\frac{k+1}{k}}$$

$$= \frac{2k+3}{k+1}$$

我们可以看到，a_{k+1} 所得出的最终结果，和把 $n=k+1$ 代入到☆号算式当中所得出的结果是一样的，那么就说明，当 $n=k+1$ 的时候，☆号算式是成立的。由此，根据数学归纳法，我们最终得以证明之前的猜想是正确的，题目当中递推方程式的通项为：

$$a_n = \frac{2n+1}{n}$$

感觉怎么样？原先我就说过，这些方程式的变形过程并不是我要讲的重点。我要想告诉大家的是，当我们不能用演绎性的解法（未知数方程式）来求出通项的时候，可以把具体的数字 $n=1，2，3\cdots\cdots$ 代入到分数递推方程式当中进行思考实验（归纳性的思考），从而提出猜想，最后用数学归纳法进行证明。

解题思路 8 "数学问题的图像化"

作用： 对数学问题图像化，从中获得更多信息。

俗话说："百闻不如一见。"语言也好，算式也罢，都没有从图像和表格当中获得的信息多。如果我们把数学问题图像化，那么本来难以理解的问题就能一目了然了。

题目： 求如下2次方程式的最大值和最小值。

$$y=x^2+1(-1\leqslant x \leqslant 2)$$

针对最大值和最小值问题的特效药

实际上像这样的问题，如果我们不能够将它图像化，就无法找出头绪。假如让初中生来解这道题的话，估计有一半的学生会这样解答："x 的范围在 -1 到 2 之间，那么，当 $x=-1$ 的时候，$y=(-1)^2+1=2$；当 $x=2$ 的时候，$y=2^2+1=5$，因此，最小值为 2，最大值为 5！"

大家注意到了吗？这个答案是错误的。是的，最小值这个地方出错了。当 $x=-1$ 的时候，所得出的 $y=2$ 并不是方程式的最小值。当 $x=0$ 的时候，$y=0^2$

+1＝1，由此可以看到，方程式的最小值应该是 1，其中的原因，如果仅仅用语言来表述的话，恐怕还不能让大家完全理解。在实际当中，如果我的学生出现了这样的错误，我只会对他们说一句话："把图像画出来再进行判断。"在画的过程中，他们就会发现自己的错误。

如下图所示，$y＝x^2＋1$ 的线形图像为：

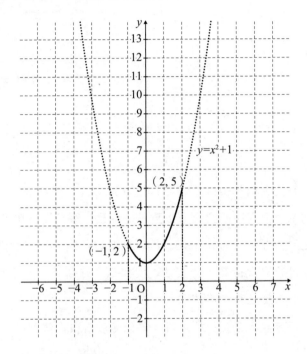

从图像当中，我们可以很清楚地看出：当 $x＝0$ 的时候，y 的值最小，而我们之所以画出图像，就是为了能够"一目了然"。这也是初中数学当中的基本问题，在求函数最大值和最小值的时候，图像能让我们看清楚函数的具体变化，从而找出 y 的最大值和最小值。即使再复杂的方程式，在图像上面也不会有太大的区别，因此，我们只要掌握了这种方法，就可以解决任何有关最大值和最小值的问题。

在联立方程式的解题过程当中应该想到的！

接下来要讲的这个话题，在本书第 2 部分的"图像和联立方程式之间关系"

当中已经提到过了。现在，我们把这种思路拿来实际运用一下。

题目： 如下方程式的实数解为4个，求k的取值范围。

$$|x^2+x-2|+x-k=0$$

【绝对值】

$|a|$ 所表示的是数轴上 0 点到 a 之间的距离。在高中数学当中，将绝对值分为如下两种情况：

$$|a| = \begin{cases} a & (a \geqslant 0) \\ -a & (a < 0) \end{cases}$$

这道题乍一看上去似乎很麻烦。要是用方程式转换变形的方法来解题的话，首先就要考虑到绝对值当中的实数为正数还是负数，然后找出在正数的情况下有几个解，在负数的情况下又有几个解，最后再根据 2 次方程式"解的分配问题"（有这种情况），进行多次运算。说实话，实在是太麻烦了（我也是这么想）。那我们来看看能不能根据题意画出图像。

首先，我们将方程式进行移项，将 k 移到等号右边，就可以得出：

$$|x^2+x-2|+x=k \cdots\cdots①$$

方程式①，正是如下联立方程式的中间式：

$$\begin{cases} y=|x^2+x-2|+x & \cdots\cdots② \\ y=k & \cdots\cdots③ \end{cases}$$

同时，方程式①解的个数＝图像当中交点的个数。

接下来，我们将方程式②和③的图像画出来。

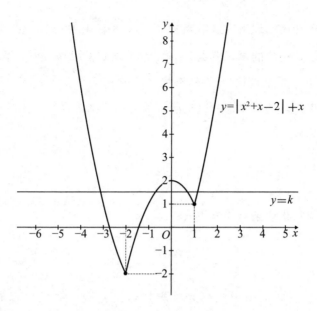

在画出方程式②的图像的时候，我们要考虑到绝对值当中的实数有两种不同的情况，既可能是正数或 0，又可能是负数。针对两种不同情况，我们要进行两次平方的转换，另外还要对定量进行计算。因为字数的关系，在这里整个计算的过程就省略了，直接给出答案：

我们可以看到，图像上有 4 个交点，也就是说方程式有 4 个实数解，这时候，k 在 1 和 2 之间。由此，我们可以得出答案，

$$1 < k < 2$$

在本章的最后，我们再来挑战一道有关数列极限的问题，这当中涉及高中数Ⅲ（日本教科书）所学的知识，实际上，我们只要将它图像化，即使是运用初中数学的知识，也能够解题。

题目：

已知数列 $\{a_n\}$ 当中：

$$a_1 = 1$$

$$a_{n+1} = \frac{1}{3}a_n + 3 \quad (n = 1, 2, 3\cdots\cdots)$$

求数列的极限 $\lim\limits_{n \to \infty} a_n$。

（京都产业大学）

虽说是"用初中知识来解这道题",但是有关极限 $\lim\limits_{n \to \infty} a_n$,还是有必要再说明一下。所谓极限,粗略的意思就是说:"当项数 n 无限增大时,无穷数列 $\{a_n\}$ 的项 a_n 无限趋近于某个常数。(果然够粗略的……)"

我们就利用极限的定义来解这道题。首先,根据题目所给出的递推公式(a_n 和 a_{n+1} 的关系式):

$$a_{n+1} = \frac{1}{3} a_n + 3$$

我们就能够得出一条直线方程式:

$$y = \frac{1}{3} x + 3$$

我们将这条直线的图像画出来。根据这条直线,我们可以看到,当 $x = a_n$ 的时候,$y = a_{n+1}$。如此反复操作,我们就可以得出 a_{n+2},a_{n+3}……为了确认,我们将 y 轴上的数值平移到 x 轴上来,于是又可以画出 $y = x$ 这条直线。

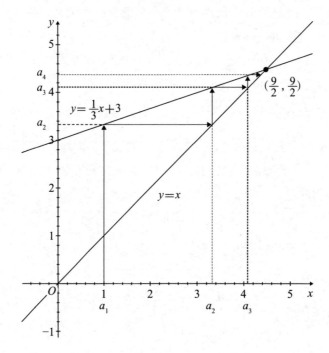

当 x 等于 a_1 的时候，我们将 $x=a_1$ 代入到 $y=\dfrac{1}{3}x+3$ 当中，得出：

$$y=\dfrac{1}{3}a_1+3=a_2$$

那么当 $x=a_1$ 的时候，$(x,\ y)$ 在直线 $y=\dfrac{1}{3}x+3$ 上的点就是 $(a_1,\ a_2)$。接下来：

画出一条直线，通过 $(a_1,\ a_2)$，与 x 轴平行，与直线 $y=x$ 的交点为 $(a_2,\ a_2)$；

画出一条直线，通过 $(a_2,\ a_2)$，与 y 轴平行，与直线 $y=\dfrac{1}{3}x+3$ 的交点为 $(a_2,\ a_3)$；

画出一条直线，通过 $(a_2,\ a_3)$，与 x 轴平行，与直线 $y=x$ 的交点为 $(a_3,\ a_3)$ ……

如此反复操作之后，根据图像我们就能够看出，数列 $\{a_n\}$ 的项 a_n 无限趋近于：

$$\begin{cases} y=\dfrac{1}{3}x+3 & \cdots\cdots① \\ y=x & \cdots\cdots② \end{cases}$$

这两条直线的交点。那么，我们通过联立方程式，求出两条直线的交点。

将②式代入①式，得出：

$$x=\dfrac{1}{3}x+3$$

$$\Leftrightarrow \quad \dfrac{2}{3}x=3$$

$$\Leftrightarrow \quad x=\dfrac{9}{2}$$

由于 $x=\dfrac{9}{2}$，再根据②式 $y=x$，我们可以得出：

$$y=\dfrac{9}{2}$$

因此，直线①和直线②的交点为：

$$\left(\frac{9}{2}, \frac{9}{2}\right)$$

由于数列 $\{a_n\}$ 的项 a_n 无限趋近于这两条直线的交点，那么我们得出：

$$\lim_{n \to \infty} a_n = \frac{9}{2}$$

这道题本来应该运用高中数学当中等比数列的极限的知识，但是在这里我想要大家看到，通过图像化之后，仅仅用初中数学的知识就可以解答。

在乱石之上架起桥梁

之前我们所看到的数列和整数的数值都是这一个、那一个的分散的数值。一般来说，想要找出这样的数值难度很大，就好比说有一条河，河上没有架桥，只是在河面上有一些乱石。但是，通过图像，我们找到了"连续"的数值，就好比是在乱石之上架起了桥梁。因此，对于数列和整数的问题，如果我们画出图像的话，那么问题一下子就变得简单起来。

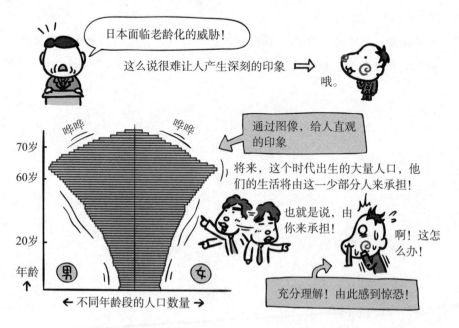

解题思路 9 "等值替换"

作用：　对于充分条件和必要条件能有明确的认识，根据必要条件来限定范围，找出答案。

说到"等值替换"，首先，我们就要理解什么是必要条件，什么是充分条件。让我们来看下面这个例子。

$$\begin{cases} P：住在千叶代区 \\ Q：住在东京 \end{cases}$$

"如果住在千叶代区，那就是住在东京"，这个推论毫无疑问是正确的，也就是说，"如果 P，即 Q"是正确的。

而另一方面，"住在东京的话，那就是住在千叶代区"，这个推论自然就是错误的。虽然住在东京，但是不住在千叶代区，而是住在涩谷区、世田谷区等地方的人也有很多。由此可以得出，"如果 Q，即 P"是错误的。

如果把上面的推论做成图示，就是这样的一个感觉：

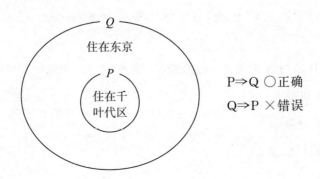

P⇒Q ○正确
Q⇒P ×错误

"住在千叶代区，是住在东京的充分条件。（毫无疑问！）"

"住在东京，是住在千叶代区的（至少）必要条件。"

因此，假如"P⇒Q"是正确的，那么，我们可以说：

$$\begin{cases} P\ \text{是}\ Q\ \text{的充分条件} \\ Q\ \text{是}\ P\ \text{的必要条件} \end{cases}$$

P⇒ Q ：○（正确）

充分条件　必要条件

要是换一种说法，就是：

条件苛刻的（范围小的）：充分条件

条件宽松的（范围大的）：必要条件

在必要充分条件下（等值）

假如"$P\Rightarrow Q$"和"$Q\Rightarrow P$"两方面都成立的话，那么我们可以说，P 和 Q 互为必要充分条件，或称"P 和 Q 等值"，表示为：

$$P\Leftrightarrow Q$$

> "⇔"这个符号不是"相反"的意思，而是"等值"或者"必要充分条件"的意思。

我们来举一个 P 和 Q 互为充分条件的例子。比如说，在棒球比赛当中：

P：A 队比 B 队得分多

Q：A 队战胜了 B 队

这样一来，我们可以看出：

$$P \Rightarrow Q$$

$$Q \Rightarrow P$$

两方面都成立。由此，我们可以说，P 和 Q 互为必要充分条件（P 和 Q 等值），也就是说，P 和 Q 两者说的都是同一个意思。

方程式的变形就是等值替换

也许大家没有意识到，**在数学当中，方程式的变形就是等值替换。**

> 【等值替换】
>
> 当 P 和 Q 等值（互为必要充分条件），也就是 $P \Leftrightarrow Q$ 的时候，P 和 Q 可以相互替换，我们称之为"等值替换"。
>
> 拿先前的例子来说，把 "A 队比 B 队得分多"替换成 "A 队战胜了 B 队"，这就是等值替换。

比如说：

$$x^2 + 3x + 2 = 0$$

将 "$x^2 + 3x + 2$" 进行因数分解，得出 "$(x+1)(x+2)$"；

将 "$(x+1)(x+2)$" 展开，得出 "$x^2 + 3x + 2$"。

由此可以得出：

$$x^2 + 3x + 2 = 0 \Leftrightarrow (x+1)(x+2) = 0$$

进一步说：

$$(x+1)(x+2) = 0$$

$$\Leftrightarrow \quad x+1 = 0 \text{ 或 } x+2 = 0$$

$$\Leftrightarrow \quad x = -1 \text{ 或 } x = -2$$

通过等值替换，我们得出结论，这个 2 次方程式的解为 "$x = -1$ 或 $x = -2$"。

能够意识到平日里的方程式变形就是等值替换的人只是少数吧？那么从现在开始，我们要意识到这一点。比如说如下这个例题，如果不能意识到等值替换的话，就有可能产生误解。

意识到等值替换

题目：

当如下函数为最小值的时候，求*x*的值。

$$y=(x^2-2x-1)^2+8(x^2-2x-1)+20$$

（中部大学）

算式稍稍有些复杂，请大家不必惊讶。一眼看上去，我们就能够知道，两个括号当中的算式同为 x^2-2x-1。于是，我们将它用 t 来置换，得出：

$$y=t^2+8t+20$$

下面，我们就能放心地考虑和 t 有关的 2 次函数了吗？不能！因为我们所做的替换不是等值替换！知道是为什么吗？不错，t 值是有范围的。下面我给大家解释一下。首先，我们根据平方的转换，得出：

$$t=x^2-2x-1 \quad \cdots\cdots ①$$
$$=(x-1)^2-1-1$$
$$=(x-1)^2-2$$

然后，我们以 t 为纵轴，以 x 为横轴，画出 $t=x^2-2x-1$ 的图像（就是上一章所讲的最大值和最小值问题的图像化）：

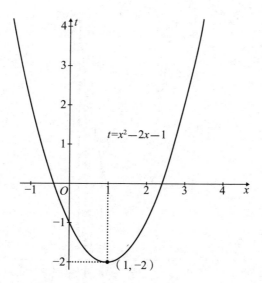

由此可以看出，t 的取值范围是有限制的，$t \geqslant -2$。

所以，当我们要进行等值替换的时候，就必须附加上这个条件：

$$y = (x^2 - 2x - 1)^2 + 8\,(x^2 - 2x - 1)\,+20$$

$$\Leftrightarrow \begin{cases} y = t^2 + 8t + 20 \\ t \geqslant -2 \end{cases}$$

接下来，我们再对 $y = t^2 + 8t + 20$ 进行平方的转换，并画出图像。

$$y = t^2 + 8t + 20$$
$$= (t+4)^2 - 16 + 20$$
$$= (t+4)^2 + 4$$

图像当中，只有满足 $t \geqslant -2$ 的部分为实线，其余为虚线。

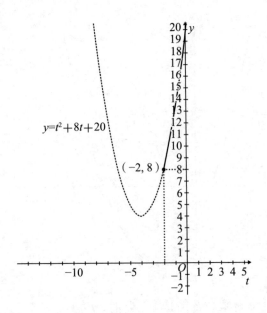

从图像的实线部分当中我们可以看出 $y \geq 8$。当 $y=8$ 的时候，$t=-2$。我们将 $t=-2$ 代入到①式，得出：

$$-2 = x^2 - 2x - 1$$

$$x^2 - 2x + 1 = 0$$

$$(x-1)^2 = 0$$

$$\therefore x = 1$$

由此可以得出，当 $x=1$ 的时候，函数的最小值为 8。

对于这个问题，最关键的地方就在于把 $x^2 - 2x - 1$ 置换成 t 的时候，要考虑到 t 的取值范围。当用一个新的未知数来置换方程式当中的某一项时，要考虑到这个新未知数的变域（取值范围），这是数学当中不变的准则。如果我们能够意识到等值替换的话，那么自然而然就能想到这一点。

所谓等值替换的意识，实际上就是判断眼下的条件是充分条件还是必要条件。这种意识正是逻辑判断当中最基础、最重要的一环。

如果意识不到等值替换，那么就有可能会产生误判。我们来举一个这样的例子。

题目：　　如下方程式，求解：

$$x-2=\sqrt{x}$$

看上去，这是非常非常简单的一道题。因为方程式当中有 $\sqrt{}$，所以我们只要把等号两边同时乘以相应的平方就可以了。这是人人都知道的事情。由此我们可以得出：

$$(x-2)^2=x$$
$$x^2-4x+4=x$$
$$x^2-5x+4=0$$
$$(x-1)(x-4)=0$$
$$x=1 \text{ 或 } x=4$$

接下来，让我们来验证一下。首先，将 $x=4$ 代入到方程式当中：

$$4-2=\sqrt{4}$$

由此得出，$x=4$ 是正确的。但是，如果把 $x=1$ 代入方程式当中：

$$1-2=\sqrt{1}$$

明显可以看出，这是错误的。那么为什么会出错呢？因为我们轻易就将方程式等号两边同时乘以相应的平方。

一般来说：

$$A=B \quad \Rightarrow \quad A^2=B^2$$

这是正确的。但是：

$$A^2=B^2 \quad \Rightarrow \quad A=B$$

就未必是正确的了 [反例：$A=(-3)$，$B=3$]。由此可以得知，$A=B$ 和 $A^2=B^2$ 并非等值条件，只能说：

$$A=B \quad \Rightarrow \quad A^2=B^2$$

是成立的，那么 $A^2 = B^2$ 就只是前提条件，也就是必要条件，而非必要充分条件。因此，根据 $A^2 = B^2$ 所得出的答案，也只能适用于必要条件。就好比说，要想达成住在千代田区这个充分条件，就必须先达成住在东京的这个前提条件。

"那么，是不是说就不能乘以相应的平方呢？"也不是这样的。我们只要将答案验证一下，看它能否满足于充分条件，这样就没有任何问题了。

首先，根据必要条件找出答案，然后再验证一下所得出的答案能否满足于充分条件。这种方法是我们在数学当中经常要用到的。在遇到难以等值替换的情况下，这是一个很重要的解题思路和方法。

在必要条件下，对充分条件加以讨论

也许有人会说："这还真是麻烦呀。"但是实际上，人们在日常生活当中，总是不知不觉地"根据必要条件找出相应的范围"。比如说，当你去超市买西红柿的时候，是不是先找到卖蔬菜的地方？这个卖蔬菜的地方就是"必要条件"。如果做成图示的话，就是这样的感觉：

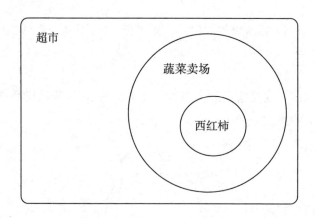

平时，当我们要做出选择之前，都是先根据必要条件找出相应的范围。然后，在有若干条件可供选择的情况下，我们再根据自身需要来进行选择。以西红柿为例，我们要看一下架子上的西红柿看上去是不是好吃，还要根据今天的心情和售货员的解说，最终来决定要不要买。

实际上：

根据必要条件找出相应的范围→对能否满足于充分条件加以讨论，这是数学当中一种很重要的选择方法。

那么，我们就按照这种方法来做下一道题。

题目：

如下等式为关于x的恒等式，求常数a，b，c的值。

$$x^3+3x^2+3x+2=(x-1)^3+a(x-2)^2+b(x+1)+c$$

大家还记得恒等式吗？让我们来复习一下。

【恒等式】

关于某个未知数的等式，如果等式当中所含的未知数用任意数来代替，等式都能够成立的话，就将它称为有关某个未知数的恒等式。

只有代入某个特定的数值才能够成立的等式，则称为方程式。方程式和恒等式是相对应的。由于恒等式是"无论代入任何数值都能够成立的"，所以我们不可能将所有的数值都代入进去——验算。这时候，就更需要在宽松条件，即必要条件下进行考虑。

无论代入任何数值，等式都能够成立⇒代入适当的数值，等式能够成立。

因此，我们可以找几个方便计算的数值，代入进去试试看。根据题目中的数值来看，如下几个数值，都应该容易计算：

$$x=1, \ 2, \ -1$$

当 $x=1$ 的时候：

$$1^3+3 \cdot 1^2+3 \cdot 1+2=(1-1)^3+a(1-2)^2+b(1+1)+c$$

$$\therefore 9=a+2b+c$$

当 $x=2$ 的时候：

$$2^3+3\cdot 2^2+3\cdot 2+2=(2-1)^3+a(2-2)^2+b(2+1)+c$$
$$\therefore 28=1+3b+c$$

当 $x=-1$ 的时候：

$$(-1)^3+3\cdot(-1)^2+3\cdot(-1)+2=(-1-1)^3+a(-1-2)^2+b(-1+1)+c$$
$$\therefore 1=-8+9a+c$$

我们将它们整理一下，得出如下联立方程式：

$$\begin{cases}a+2b+c=9\\3b+c=27\\9a+c=9\end{cases}$$

然后，我们再求出联立方程式的解（计算过程省略）：

$$a=6,\ b=24,\ c=-45$$

但是我们还不能高兴得太早了，这个时候不能说"完成了"。请大家不要忘了，这只不过是在必要条件下，将 $x=1，2，-1$ 这三个数值代入到等式当中，等式能够成立。接下来，我们还要再看一下在充分条件下会怎么样。

当 $a=6，b=24，c=-45$ 的时候，等式的右边就变成了：

$$(x-1)^3+6\ (x-2)^2+24\ (x+1)\ -45$$

我们再将它展开，得出：

$$(x-1)^3+6\ (x-2)^2+24\ (x+1)\ -45$$
$$=x^3-3x^2+3x-1+6x^2-24x+24+24x+24-45$$
$$=x^3+3x^2+3x+2$$

这样一来，等号右边就和等号左边完全一致了，那么自然，无论代入任何数值，等式都能够成立。这就是根据必要条件求出 $a=6，b=24，c=-45$，然后再讨论在充分条件下，题目给出的等式是不是恒等式。

给想法命名

不仅仅是数学，当我们在思考一些问题的时候，会不会觉得脑子里面乱糟糟的呢？这时候，如果我们能够给想法"命名"，就可以把脑子里面的东西给理顺了。

说一个题外话，著名的"斋藤指挥法"就是指挥家小泽征尔的老师斋藤秀雄提出的。如今，世界各大音乐学院都有斋藤指挥法"Saito－method"的课程。实际上，这种指挥法并没有什么新奇和独特地方，它之所以具有划时代的意义，就在于它将指挥家几乎无意识的手腕动作命名，比如说"扣动""跳动""平均运动"，使得指挥家能够意识到自己的动作，更明确地传达自己的意图，所以说，斋藤指挥法作为一种"更容易理解的指挥法"，在全球音乐界有着不可替代的地位。

同样，**如果能够意识到自己所思考的条件是必要条件还是充分条件，或者是必要充分条件（等值）的话，那么思路也就更加清晰和明确。**

这一章稍微有些长，因为能否理解必要条件和充分条件以及能否意识到等值替换，这是数学逻辑当中最重要的一环。如果没有这种意识的话，数学也就无法开展。

解题思路 10 "通过终点来追溯起点"

作用： 能够找到证明题的相关条理，自然也就能够"找出解题的头绪"。

很多人都不擅长于证明题，主要原因有以下 2 个：

①不知道证明题的答题形式；

②不知道该从哪儿开始。

对于第①点——答题形式，**实际上怎么写都无所谓**，关键就在于**写出来的东西要能够让人"看懂"**。一开始，你可以在草稿纸上打草稿，然后在誊写的时候，给出更好的证明形式。

我看到有一些初中生在做证明题的时候，本来是一下子就可以证明的题目，偏偏写了一大堆，一直写到纸上全都是数字和算式。对于刚刚接触证明题的初中生来说，想要一下子就证明出来确实很难，又或者他们觉得不写满数字和符号就不算是正规答题。实际上，证明题没有固定的答题形式。

一个故事可以有不同的表述方面，证明的形式也可以根据自己的喜好来决定。

根据已知结论，追溯结论的上一步是什么

和原因①比起来，原因②的问题要严重一些。到底该从哪里着手呢？完全找

不到头绪。这个时候，我们不妨来看一下题目当中给出的结论。通常，证明题都会先给出相应的结论，也就是说，如果我们不知道该从哪里开始证明的话，不妨通过**终点**来追溯，先想想**终点（结论）的上一步是什么**。

让我们来看下面这道例题。

题目：　当 $a > 0$，$b > 0$ 的时候，证明：

$$\frac{a+b}{2} \geqslant \sqrt{ab}$$

我们可以从结论处入手。它的上一步应该是：

$$a+b \geqslant 2\sqrt{ab}$$

再上一步就是：

$$a+b-2\sqrt{ab} \geqslant 0 \quad \cdots\cdots ①$$

到这里我们就要考虑一下了，因为不等式的左边始终大于等于 0，那么，可不可以把不等式变形为以下形式？

$$(\quad\quad)^2 \geqslant 0$$

也就是说，要是能够把不等式的左边乘以相应的平方就好了。根据乘法公式：

$$(a-b)^2 = a^2 - 2ab + b^2$$

我们把不等式①的左边几项顺序进行调换，得出：

$$a+b-2\sqrt{ab} = a - 2\sqrt{ab} + b$$

这样一来，就和乘法公式等号的右边相似了。我们把 a，b 变成 $\sqrt{a^2}$，$\sqrt{b^2}$，就可以得出：

$$a-2\sqrt{ab}+b=\sqrt{a^2}-2\sqrt{ab}+\sqrt{b^2}=(\sqrt{a}-\sqrt{b})^2 \geq 0$$

从这个不等式当中，我们可以看到：当 $a=b$ 的时候，不等式就变成了等式，$\geq$ 就变成了 $=$。以上部分都是我打的草稿，接下来，我们把答案（证明）给誊写出来，只要我们把草稿上的内容反过来写就可以了。

【证明】

当 $a>0$，$b>0$ 的时候，

$$(\sqrt{a}-\sqrt{b})^2 \geq 0$$

由此可以得出：

$$(\sqrt{a}-\sqrt{b})^2=\sqrt{a^2}-2\sqrt{ab}+\sqrt{b^2}=a-2\sqrt{ab}+b \geq 0$$

因此：

$$a-2\sqrt{ab}+b \geq 0$$

由此可以得出：

$$a+b \geq 2\sqrt{ab}$$

两边同时除以 2，得出结论：

$$\frac{a+b}{2} \geq \sqrt{ab}$$

并且，根据一开始的 $(\sqrt{a}-\sqrt{b})^2 \geq 0$ 可以得知，当 $a=b$ 的时候，$\frac{a+b}{2}=\sqrt{ab}$ （证明结束）。

如果把这题的证明过程作为答案印在练习册后面的话，就会给人这样的感觉：

"一开始突然就来了一个 $(\sqrt{a}-\sqrt{b})^2 \geq 0$，我可想不到……"

"只有数学天才，才能想得到这一点。"

"没办法，我只能背下来，这个证明是从 $(\sqrt{a}-\sqrt{b})^2 \geq 0$ 开始的……"

人们在看完练习册后面的答案之后，有这样的想法也不是没有道理的。但是，这个 $(\sqrt{a}-\sqrt{b})^2 \geq 0$ 绝对不是灵光一闪，一拍脑门就想出来的。就像之前所说的那样，通过终点追溯起点，这些乍一看上去好像是偶然得出的思路，其实都是必然的结果。

以几何题为例

我们再来举一个例子。

题目：　三角体 $P–ABC$，其中 $PA=PB=PC$。从顶点 P 开始，做一条垂直线与底面 ABC 相交，交点为 O。证明，O 是三角形 ABC 的外心。

在证明之前，我们先来复习一下"三角形的外心"。

【三角形的外心】
　　三角形外接圆的中心。

虽然没有多大作用，但是为了能够更好地找到感觉，我们还是来画一张草图。

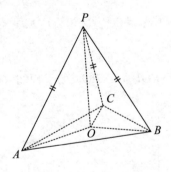

在题目当中，已经设定了：

$$\begin{cases} PO \text{ 是垂直于三角形 } ABC \text{ 的垂线} \\ PA=PB=PC \end{cases}$$

估计很多人拿到这个题目都不知道该怎么着手，根本找不着头绪。

我们还是通过终点来追溯起点。让我们来想一下结论的上一步是什么。根据结论，O 是三角形 ABC 的外心，我们在平面上画出相应的图形。

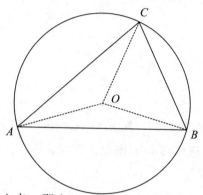

由于 O 是圆形的中心点，那么：

$$OA = OB = OC$$

这么说来，O 是三角形 ABC 的外接圆的中心，也就是外心。由此可以看出，"$OA = OB = OC$" 是"结论的上一步"。

再往前追溯一步。我们在草图当中找找看，有没有包含 OA、OB、OC 这三条直线当中某一条直线的图形。不错，它们分别是 $\triangle POA$，$\triangle POB$ 和 $\triangle POC$。通过这 3 个三角形，我们可以得出 $OA = OB = OC$，也就是说：

$$\triangle POA \text{ 和} \triangle POB \text{ 和} \triangle POC \text{ 重合。}$$

真的可以这么说吗？

我们先画出 $\triangle POA$，$\triangle POB$ 和 $\triangle POC$ 的平面图（降低次元）。

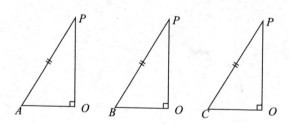

通过题目当中所给出的 2 个设定：

$$\begin{cases} PO \text{ 是垂直于三角形 } ABC \text{ 的垂线} \\ PA = PB = PC \end{cases}$$

再根据直角三角形的重合条件，我们可以得出，这 3 个三角形相互重合！这样一来，我们就追溯到了题目当中给出的设定条件。

我们将上述从终点到起点的整个追溯过程以及相应的条理进行整理，得出：

① 　O 是三角形 ABC 的外心

↓

② 　$OA = OB = OC$

↓

③ $\triangle POA$ 和 $\triangle POB$ 和 $\triangle POC$ 重合

↓

④ 　PO 是垂直于三角形 ABC 的垂线，$PA = PB = PC$

我们在誊写的时候，只要按照草稿从后往前反过来写，就可以完成证明。

【证明】

关于 $\triangle POA$、$\triangle POB$ 和 $\triangle POC$，根据题目当中所给出的设定：

PO 是垂直于三角形 ABC 的垂线，且 $PA = PB = PC$，可以得出：

$$\begin{cases} \angle POA = \angle POB = \angle POC = 90° \\ PA = PB = PC \\ PO \text{ 是 } \triangle POA \text{、} \triangle POB \text{ 和 } \triangle POC \text{ 这 3 个三角形共同的边} \end{cases}$$

再根据直角三角形的重合条件，在斜边的边长以及另外一条边的边长都分别相等的情况下，可以得出 $\triangle POA$、$\triangle POB$ 和 $\triangle POC$ 相互重合。

由于是相互重合的三角形，相对应的边的边长也都相等，那么，可以得出：

$$OA = OB = OC$$

由此可以得出，O 是三角形 ABC 的外心。（证明结束）

让我们来复习一下在证明过程当中所用到的直角三角形相互重合的条件。

【直角三角形的重合条件】

①斜边的边长以及除直角以外的一个角的角度分别相等。

②斜边的边长以及另外一条边的边长都分别相等。

这次我们用到的是条件②。虽然我很想对这 2 个条件加以证明，但是限于字数的原因，只好省略。

如果不给出草稿纸上的思路，而只是给出一个证明，说不定你会觉得：

"一开始怎么就想到要用$\triangle POA$、$\triangle POB$ 和$\triangle POC$ 这 3 个三角形的呢，我可是想不到！"

如果你能通过终点来追溯起点，那么看到证明的第一步，也就不觉得奇怪了。

从灵感到必然

由终点来追溯起点的这个思路，能够让我们找出相关证明的条理性。但是，这并不是我最想说的东西，我想说的是，通过这个思路我们可以知道，教科书、练习册上面的答案都不是靠"灵感"偶然得来的，没有人能够毫无根据地想出这些，这当中有一个必然的思考过程。学习数学，并不是那些有"灵感"的人和有"感觉"的人的特权。数学对任何人都敞开大门。对任何人来说，数学都是身边触手可及的学问。

当你看到一个很棒的魔术：

"了不起！这个人身上一定有魔力！"

你会觉得魔术师是和普通人不一样的"特别的人"。但是，假如你知道这个魔术的话：

"那个，应该是这么一回事……"

你就会觉得自己也能够做得到。我想，像这样的感受，谁都曾经有过。

"通过终点来追溯起点"的这种思路，就能给你带来这样的感觉。

实际上，在这本书当中所举出的例题寥寥无几，但是，能够用这 10 种解题思路来解决的问题实在是太多太多了。今后大家在遇到不明白的问题时，不妨用这 10 种解题思路来试试，看看是不是真的有效。到那时，你肯定会觉得：

"啊，原来在这道题当中也能用得上！"

通过不断练习，你一定能掌握这 10 种可以解决任何问题的思路。到那时，你就不再是一个"数学不好的人"了。

第**4**部

综合习题——10种解题思路的运用

前面我们学了"10 种解题思路"，那么在实际当中，它们是否真的有用呢？让我们用东京大学理科入学考试的题目来验证一下。

"啊，这会儿就让我做东京大学的题目，而且是理科的题目?!"

请大家不必紧张。

我给出的题目都是较为简单的，而且是初中到高一这个范围之内的，主要是让大家体会一下这 10 种思路的实际作用。请大家放心。

"在掌握了这 10 种思路的情况下，即使只是高一的数学水平，也能做东京大学的卷子。"

每道题后面的解说，都是把答题的时候脑子里面的想法，也就是"解题思路的运用"给描述出来。对于一道题的解答有好几种思路和方法，可能会让你感觉到冗长乏味，但是，如果你能够仔细阅读的话，就会知道这些答案都不是一拍脑门，靠灵感得出来的。

这是本书当中给大家的最后呈现，请大家一定要专心和努力。

综合习题①　假设 α 和 β 是2次方程式 $x^2-4x-1=0$ 的两个实数解，并且，大的数值为 α，小的数值为 β。当 $n=1,2,3\cdots\cdots$ 的时候：

$$S_n=\alpha^n+\beta^n$$

（1）求 S_1，S_2，S_3 的值。当 $n \geq 3$ 的时候，用 S_{n-1} 和 S_{n-2} 来表示函数 S_n。

（2）求 β^3 以下的最大整数。

（3）求 α^{2003} 以下的最大整数的个位数值。

【在这道题当中能够运用到的解题思路】

解题思路 1 "降低次方和次元"

解题思路 2 "寻找周期和规律性"

解题思路 3 "寻找对称性"

解题思路 7 "归纳性的思考实验"

那么，让我们来开始解题。首先，我们注意到：

$$S_n = \alpha^n + \beta^n$$

是一个对称式，我们就从这里开始。

我的想法和思路

哦，题目当中给出的算式是一个对称式

↓

既然是对称式，那么就可以用基本对称式

（α+β 和 αβ）来表示！

↓

那就算出 α+β 和 αβ 的值！

这么一想的话，我们就要用到：

解题思路 3 "寻找对称性"

既然是 α 和 β 的对称式，就能够用基本对称式 α+β 和 αβ 来表示。我们知道，α 和 β 是 $x^2 - 4x - 1 = 0$ 的解。在这里，我们要用到 "2 次方程式当中解和系数的关系"，就可以立马求出 α+β 和 αβ 的值。即使不知道 2 次方程式当中解和系数的关系，想要求出这 2 个数值也不难。

由于 α 和 β 是方程式 $x^2 - 4x - 1 = 0$ 的两个实数解，并且 α>β，我们可以根据 2 次公式求出 α 和 β。

【2 次公式】

当 $ax^2 + bx + c = 0$ 的时候：

$$x = \frac{-b \pm \sqrt{b^2 - 4ac}}{2a}$$

$$\alpha = 2 + \sqrt{5}$$

$$\beta = 2 - \sqrt{5}$$

由此可以得出：

$$\alpha + \beta = (2 - \sqrt{5}) + (2 + \sqrt{5}) = 4 \quad \cdots\cdots ①$$

$$\alpha\beta = (2 - \sqrt{5})(2 + \sqrt{5}) = 4 - 5 = -1 \quad \cdots\cdots ②$$

求 S_1，S_2，S_3 的值很简单，我们只要把 S_1，S_2，S_3 变形为基本对称式，再代入①式和②式就可以了。

$$S_1 = \alpha + \beta = 4$$

$$S_2 = \alpha^2 + \beta^2 = (\alpha + \beta)^2 - 2\alpha\beta = 4^2 - 2 \times (-1) = 18$$

$$S_3 = \alpha^3 + \beta^3 = (\alpha + \beta)^3 - 3\alpha\beta(\alpha + \beta) = 4^3 - 3 \times (-1) \times 4 = 64 + 12 = 76$$

接下来，"用 S_{n-1} 和 S_{n-2} 来表示函数 S_n"。我们可以看到：

$$S_n = \alpha^n + \beta^n \text{ 是一个 } n \text{ 次方程式（} n \text{ 次方的方程式）}$$

$$S_{n-1} = \alpha^{n-1} + \beta^{n-1} \text{ 是一个 } n-1 \text{ 次方程式（} n-1 \text{ 次方的方程式）}$$

$$S_{n-2} = \alpha^{n-2} + \beta^{n-2} \text{ 是一个 } n-2 \text{ 次方程式（} n-2 \text{ 次方的方程式）}$$

我的想法和思路 如果将 **n 次方程式用 $n-1$ 次方程式和 $n-2$ 次方程式**

来表示的话

↓

那么，可不可以降低次方！

↓

由于 α 和 β 是方程式 $x^2 - 4x - 1 = 0$ 的解

↓

将 α 和 β 代入到方程式 $x^2 - 4x - 1 = 0$ 当中

↓

就可以得出降低次方之后的算式！

这么一想的话，我们就要用到：

解题思路 1 "降低次方和次元"

由于 α 和 β 是 $x^2-4x-1=0$ 的解，我们可以将 α 和 β 代入到 $x^2-4x-1=0$ 当中，得出：

$$\alpha^2-4\alpha-1=0$$
$$\beta^2-4\beta-1=0$$

然后将它变形为：

$$\alpha^2=4\alpha+1$$
$$\beta^2=4\beta+1$$

立马就能够 "降低次方"！

接下来，分别将方程式等号的两边同时乘以 α^{n-2}，β^{n-2}，如此一来，方程式等号的左边就变成了 α^n，β^n。

$$\alpha^n=4\alpha^{n-1}+\alpha^{n-2}$$
$$\beta^n=4\beta^{n-1}+\beta^{n-2}$$

然后将这二者相加，得出：

$$\alpha^n+\beta^n=4\ (\alpha^{n-1}+\beta^{n-1})\ +\alpha^{n-2}+\beta^{n-2}$$

又因为 $S_n=\alpha^n+\beta^n$，$S_{n-1}=\alpha^{n-1}+\beta^{n-1}$，$S_{n-2}=\alpha^{n-2}+\beta^{n-2}$

那么，用 S_{n-1} 和 S_{n-2} 来表示函数 S_n 的话，就可以写成，

$$S_n=4S_{n-1}+S_{n-2}$$

【其他解法】只用基本对称式来解这道题。

$$S_n = \alpha^n + \beta^n$$

$$S_{n-1} = \alpha^{n-1} + \beta^{n-1}$$

首先，我们来考虑一下如何用 S_{n-1} 的基本对称式来表示 S_n。我们可以列出这样一个算式：

$$(\alpha + \beta)(\alpha^{n-1} + \beta^{n-1})$$

这个算式看上去有些不自然，只要我们对这个算式进行计算，就可以看出，在这个算式当中除了包含 $\alpha^n + \beta^n$ 这一项之外，还多出来一项 $\alpha\beta^{n-1} + \alpha^{n-1}\beta$。因为这个算式当中还隐藏了基本对称式 $\alpha\beta$ 和 S_{n-2}。也就是说：

$$
\begin{aligned}
S_n &= \alpha^n + \beta^n \\
&= (\alpha + \beta)(\alpha^{n-1} + \beta^{n-1}) - \alpha\beta^{n-1} - \alpha^{n-1}\beta \\
&= (\alpha + \beta)(\alpha^{n-1} + \beta^{n-1}) - \alpha\beta(\alpha^{n-2} + \beta^{n-2}) \\
&= 4 \times S_{n-1} - (-1) S_{n-2} \\
&= 4S_{n-1} + S_{n-2}
\end{aligned}
$$

第（2）小题也很简单。之前，我们已经算出：

$$\beta = 2 - \sqrt{5}$$

由于 $2 < \sqrt{5} < 3$，我们可以得出：

$$-3 < -\sqrt{5} < -2$$

在不等式当中分别加上 2，得出：

$$2 - 3 < 2 - \sqrt{5} < 2 - 2$$

$$\therefore -1 < \beta < 0$$

$$-1 < \beta^3 < 0$$

由于 β 是 -1 到 0 之间的数字，所以越乘就越接近于 0。

例) $(-0.5)^2 = 0.25$ $(-0.5)^3 = -0.125$

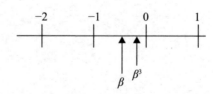

由此可以得出，β^3 以下最大的整数为 -1。

然后是第（3）小题，这才是这道题的"主菜"。之前的第（1）小题和第（2）小题都是为第（3）小题准备的"前菜"，是第（3）小题的前提启发。

> 不仅仅是这道题，一般来说，如果一道大题分为若干小题，那么十有八九前面的小题是为后面的小题准备的前提启发。

第（3）小题是"求 α^{2003} 以下的最大整数的个位数值"。我们可以把第（1）小题和第（2）小题拿到这里来思考。由于在第（1）小题当中涉及 S_n，在第（2）小题当中涉及 β，那么我们来看一看，在第（3）小题当中能不能用得上 S_n 和 β（这么做未必就一定能够成功解题，但多半情况下是切中题意的）。

$$S_n = \alpha^n + \beta^n$$

由此，我们将 2003 代入到 n 当中，得出：

$$\alpha^{2003} = S_{2003} - \beta^{2003}$$

在解第（1）小题的时候，我们得出了一个递推公式：

$$S_n = 4S_{n-1} + S_{n-2}$$

在 S_n 当中，由于一开始的 S_1 和 S_2 都是整数，那么从 S_3 往后，所有的 S_n 都是整数，S_{2003} 也是整数。同样，我们把第（2）小题的答案也拿出来思考。

$$-1 < \beta^{2003} < 0$$
$$\therefore \quad 0 < -\beta^{2003} < 1$$

也就是说，$-\beta^{2003}$ 是个小于 1 的小数。

$$\alpha^{2003} = S_{2003} - \beta^{2003}$$
$$= S_{2003} + (-\beta^{2003})$$

由此可以得知，α^{2003} 是整数（S_{2003}）加上小于 1 的小数。（$-\beta^{2003}$）得出来的。那么，我们可以得出，α^{2003} 当中的整数部分，和 S_{2003} 是相同的，也就是说：

"α^{2003} 以下的最大整数的个位数" = "S_{2003} 的个位数"

在这里，之所以有 2003 这个数字，是因为这是 2003 年的考试题目，数字本身没有更多的含义在里面，并且，有关 s_{2003} 的算式是一个 2003 次方程式，想要直接算出 2003 次方的数值，也是不可能的。

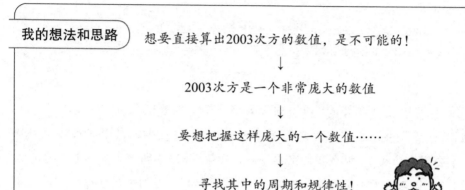

我的想法和思路

想要直接算出2003次方的数值，是不可能的！

↓

2003次方是一个非常庞大的数值

↓

要想把握这样庞大的一个数值……

↓

寻找其中的周期和规律性！

这么一说的话，我们就要用到：

解题思路 2 "寻找周期和规律性"

如此一来，我们就可以确定接下来的目标，找出有关 S_n 的个位数当中的周期性

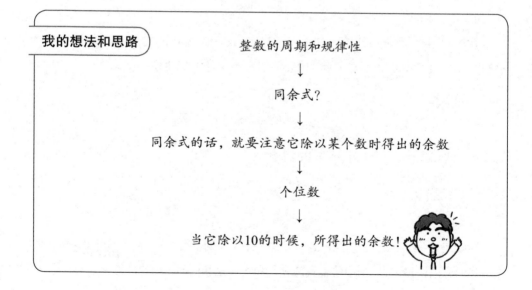

我的想法和思路

整数的周期和规律性

↓

同余式？

↓

同余式的话，就要注意它除以某个数时得出的余数

↓

个位数

↓

当它除以10的时候，所得出的余数！

这么一想，就明白了。

> 当我们遇到同余式，要注意在整数除法运算当中所得余数的周期和规律性，这就是之前所说的解题思路 2"寻找周期和规律性"。
>
> 如果是一个 2 位数，十位是 a，个位是 b，就可以将它表示为：
>
> $10a + b$
>
> 这样一来，我们就能得出：
>
> "个位数 = 某整数除以 10 所得的余数"

接下来，我们再复习一下同余式的性质。

【有关同余式】

$$a \equiv b \pmod{m}$$

a 和 b 对模 m 同余，就是说，a 除以 m 和 b 除以 m，所得的余数是相等的。

比如说，8 除以 5 和 13 除以 5，所得余数相等，我们就可以写成：

$$8 \equiv 13 \pmod{5}$$

这就是同余式，我们称之为："8 和 13 对模 5 同余"。

当 $a \equiv b \pmod{m}$，$c \equiv d \pmod{m}$ 的时候：

性质①　$a + c \equiv b + d \pmod{m}$

性质②　$a - c \equiv b - d \pmod{m}$

性质③　$ac \equiv bd \pmod{m}$

性质④　$a^n \equiv b^n \pmod{m}$

如果求 S_{2003} 的个位数，就要找到 S_{2003} 除以 10 所得余数的周期和规律。

我的想法和思路

想要找到 S_n 除以 10 所得余数的周期和规律

↓

就要通过具体的计算

↓

再运用同余式的性质

想到这里，我们就要用到：

解题思路 7 "归纳性的思考实验"

首先，将具体的数字代入到 n 当中。这样更方便计算，也能更好地运用同余式的性质。

根据第（1）小题的答案，我们得知：

$$S_n = 4S_{n-1} + S_{n-2}$$

由于 $S_1 = 4$，$S_2 = 18$，因此：

$$S_1 = 4 \equiv 4 \ (mod\ 10)$$
$$S_2 = 18 \equiv 8 \ (mod\ 10)$$

接下来，我们将根据同余式的性质，来找出 S_3，S_4……的个位数：

$$S_3 = 4S_2 + S_1 \equiv 4 \times 8 + 4 \equiv 36 \equiv 6 \ (mod\ 10)$$

> 由于 $S_2 \equiv 8$，那么 $4S_2 \equiv 4 \times 8$（性质③）
>
> 由于 $S_1 \equiv 4$，那么 $4 \times 8 + S_1 \equiv 4 \times 8 + 4$（性质①）
>
> 同样的方法，我们可以找出 S_4，S_5……的个位数

$$S_4 = 4S_3 + S_2 \equiv 4 \times 6 + 8 \equiv 32 \equiv 2 \ (mod\ 10)$$
$$S_5 = 4S_4 + S_3 \equiv 4 \times 2 + 6 \equiv 14 \equiv 4 \ (mod\ 10)$$
$$S_6 = 4S_5 + S_4 \equiv 4 \times 4 + 2 \equiv 18 \equiv 8 \ (mod\ 10)$$
$$S_7 = 4S_6 + S_5 \equiv \cdots\cdots$$

根据之前得出的递推公式 $S_n = 4S_{n-1} + S_{n-2}$，我们可以看出，S_n 的具体数值是由它的前面两项（S_{n-1} 和 S_{n-2}）来决定的。既然 S_5、S_6 除以 10 所得余数和一开始的两项 S_1、S_2 除以 10 所得余数相同（4 和 8），那么此后都应该按照这个循环，也就是说我们找到了其中的周期和规律性。

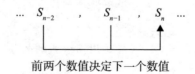

前两个数值决定下一个数值

根据以上归纳性的计算（思考实验）我们可以得出，S_1、S_2……除以 10 所得余数为：

$$4、8、6、2、4、8……$$

因此，S_n 除以 10 所得的余数将在 4、8、6、2 之间循环。我们将它做成表格：

项	S_1	S_2	S_3	S_4
余数	4	8	6	2
项	S_5	S_6	S_7	S_8
余数	4	8	6	2
项	S_9	S_{10}	S_{11}	S_{12}
余数	4	8	6	2
项	……	……	……	……
余数	4	8	6	2
项	S_{2001}	S_{2002}	S_{2003}	S_{2004}
余数	4	8	6	2

通过以上表格，我们可以看到 S_{2003} 和 S_3 对模 10 同余。写成同余式的话，就是：

$$S_{2003} \equiv S_3 \equiv 6 \pmod{10}$$

由此，我们可以得出，当 S_{2003} 除以 10 的时候，所得余数为 6，也就是说，S_{2003} 的个位数为 6。那么：

$$"a^{2003} \text{以下的最大整数的个位数}" = "S_{2003} \text{的个位数}" = 6$$

综合习题②　平面上放置了一个正四面体。在正四面体和平面接触的那一面的三条边上任意选择一条边，然后以此边为轴，将正四面体推倒。在推倒 n 次之后，最初和平面接触的那一面再一次和平面接触的概率是多少？

【在这道题当中能够用到的解题思路】

解题思路 4 "逆向思维"

解题思路 6 "相对比较"

解题思路 7 "归纳性的思考实验"

很简单的一道题。首先，我们假设正四面体当中最开始和平面接触的那一面为 A 面。

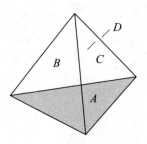

我的想法和思路

题目当中说，在推倒**n**次之后……

↓

不知道会怎么样

↓

具体试一试！

因此，我们还是要用到：

解题思路 7 "归纳性的思考实验"

· 在推倒 1 次之后，A 面不会和平面产生接触，即：

$$p_1 = 0$$

· 在推倒 2 次之后，A 面再次与平面接触的可能有如下几种：

$$A \to B \to A$$

$$A \to C \to A$$

$$A \to D \to A$$

在正四面体朝任意一个方向被推倒的情况下，接下来与平面接触的面有 3 种选择，因此，接下来与平面接触的面的概率为 $\frac{1}{3}$。那么，在推倒 2 次之后，同一顺序和平面接触的概率为：

$$\frac{1}{3} \times \frac{1}{3} = \frac{1}{9}$$

由于在推倒 2 次之后，A 面再次与平面接触的可能有 3 种，那么，A 面再次与平面接触的概率为：

$$\frac{1}{9} \times 3 = \frac{1}{3} \quad \cdots\cdots ①$$

· 在推倒 3 次之后，A 面再次与平面接触的可能有如下几种：

$$A \to B \to C \to A$$

$$A \to B \to D \to A$$

$$A \to C \to B \to A$$

$$A \to C \to D \to A$$

$$A \to D \to B \to A$$

$$A \to D \to C \to A$$

在正四面体朝任意方向被推倒 1 次的情况下，接下来与平面接触的面的概率始终都是 $\frac{1}{3}$。因此，在推倒 3 次之后，同一顺序和平面接触的概率为：

$$\frac{1}{3} \times \frac{1}{3} \times \frac{1}{3} = \frac{1}{27}$$

又因为在推倒 3 次之后，A 面与平面再次接触的可能有 6 种，那么，A 面再次与平面接触的概率为：

$$\frac{1}{27} \times 6 = \frac{6}{27} = \frac{2}{9} \quad \cdots\cdots ②$$

接下来在推倒 4 次之后会怎么样……假如把所有 A 面与平面再次接触的可能写出来的话，估计手都写断了。

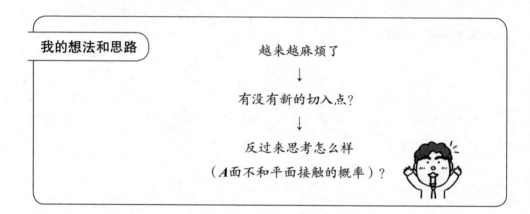

我的想法和思路

越来越麻烦了

↓

有没有新的切入点？

↓

反过来思考怎么样

（ A 面不和平面接触的概率 ）？

在解题思路 4 当中，我曾经给大家说过："假如麻烦的话就逆向思维！"也就是说，我们要用到：

解题思路 4 "逆向思维"

我在前面说了，在正四面体被推倒 3 次的情况下，A 面再次与平面接触的可能有 6 种。在看到这 6 种可能之后，我想很多人都会发现：

"啊，如果在推倒 3 次之后 A 面再次与平面接触的话，那么在推倒 2 次之后，A 面就不能与平面接触。"

根据在推倒 2 次之后，A 面与平面再次接触的概率为①，反过来，在推倒 2 次之后，A 面与平面不接触的概率为：

$$1 - \frac{1}{3} = \frac{2}{3}$$

当推倒 2 次之后，A 面与平面不接触的情况下，由于 A 面是除底面之外的 3 个侧面之一，那么在推倒第 3 次的时候，A 面与平面接触的概率为 $\frac{1}{3}$。由此，我们就可以算出在推倒 3 次之后，A 面与平面再次接触的概率为：

$$\frac{2}{3} \times \frac{1}{3} = \frac{2}{9}$$

是的，这正好和概率②保持一致。但是这种计算方法，比之前写出所有可能的方法要轻松得多。

我的想法和思路

用了"逆向思维"的方法！

↓

在推倒 *n* 次之后，*A* 面与平面相接触的概率为
在推倒 *n*-1 次之后 *A* 与平面不接触的概率 $\times \dfrac{1}{3}$

↓

推倒 *n* 次之后的状况
与推倒 *n*-1 次之后的状况之间
有着紧密的联系！

这么一想，我们就要用到：

解题思路 6 "相对比较"

也就是说，要找到相邻两项 p_n 和 p_{n-1} 之间的关系。由于推倒 $n-1$ 次之后 A 面与平面不接触的概率，和在推倒 $n-1$ 次之后 A 面与平面接触的概率是相反的，那么，在推倒 $n-1$ 次之后 A 面与平面不接触的概率为：

$$1 - p_{n-1}$$

由于：在推倒 $n-1$ 次之后 A 面与平面不接触的情况下，当推倒第 n 次时 A 面与平面相接触的概率为 $\dfrac{1}{3}$，那么，当 $n \geqslant 2$ 时（虽然 p_1 和 p_0 之间不存在联系，但是有必要写出来）：

$$p_n = \frac{1}{3}(1 - p_{n-1})$$

于是我们就完成了对概率 p_n 和 p_{n-1} 的相对比较（找到 p_n 和 p_{n-1} 之间的联系）！

接下来，我们只需要将这个算式（递推公式）给解出来就可以了。

我们将上述递推公式展开：

$$p_n = -\frac{1}{3}p_{n-1} + \frac{1}{3} \quad \cdots\cdots ③$$

然后再进行变形，得出：

$$p_n = -\frac{1}{3}p_{n-1} + \frac{4}{12}$$

$$p_n = -\frac{1}{3}p_{n-1} + \frac{1}{12} + \frac{3}{12}$$

$$p_n = -\frac{1}{3}p_{n-1} + \frac{1}{12} + \frac{1}{4}$$

$$p_n - \frac{1}{4} = -\frac{1}{3}p_{n-1} + \frac{1}{12}$$

$$\left(p_n - \frac{1}{4}\right) = -\frac{1}{3}\left(p_{n-1} - \frac{1}{4}\right) \quad \cdots\cdots ④$$

对于那些没有学过数列的人来说，这样的变形让人有些莫名其妙，我们不妨通过④式来确认一下③式的正确与否。如果能够掌握这种变形，那么就能够按照如下要领来求出 p_n。

我们将之前得出的两项关系拿来再一次运用，就能够得出，在 $n \geqslant 2$ 的情况下 p_n 的概率：

$$\left(p_n - \frac{1}{4}\right) = -\frac{1}{3}\left(p_{n-1} - \frac{1}{4}\right) = -\frac{1}{3}\left\{-\frac{1}{3}\left(p_{n-2} - \frac{1}{4}\right)\right\}$$

$$= \left(-\frac{1}{3}\right)^2\left(p_{n-2} - \frac{1}{4}\right) = \left(-\frac{1}{3}\right)^2\left\{-\frac{1}{3}\left(p_{n-3} - \frac{1}{4}\right)\right\}$$

$$= \left(-\frac{1}{3}\right)^3\left(p_{n-3} - \frac{1}{4}\right)$$

$$= \cdots\cdots$$

$$= \left(-\frac{1}{3}\right)^{n-1}\left(p_1 - \frac{1}{4}\right)$$

$$= \left(-\frac{1}{3}\right)^{n-1}\left(0-\frac{1}{4}\right)$$

$$= -\frac{1}{4}\left(-\frac{1}{3}\right)^{n-1}$$

$$\therefore p_n = \frac{1}{4} - \frac{1}{4}\left(-\frac{1}{3}\right)^{n-1} \quad (n=2,\ 3,\ 4\cdots\cdots)$$

我们现在所得出的 p_n 的概率是在 $n \geqslant 2$ 的情况下成立的。那么，当 $n=1$ 的时候，这个 p_n 的概率能否成立呢？我们把 $n=1$ 代入进去，验证一下。

$$p_1 = \frac{1}{4} - \frac{1}{4}\left(-\frac{1}{3}\right)^{0} = \frac{1}{4} - \frac{1}{4} \times 1 = 0$$

因为 $a^0 = 1$

由此我们可以得出 $p_1 = 0$，这和之前具体分析的时候得出的，在推倒 1 次的情况下，A 面与平面相接触的概率是一样的。由此，我们可以得知，这个 p_n 的概率在 $n=1$ 的情况下依然成立。

那么，我们最终得出 p_n 的概率为：

$$p_n = \frac{1}{4} - \frac{1}{4}\left(-\frac{1}{3}\right)^{n-1} \quad (n=1,\ 2,\ 3\cdots\cdots)$$

综合习题③　a是3以上9999以下的奇数，a^2-a能够被10000整除，求 a 的所有数值。

［东京大学　2005年］

【在这道题当中能够用到的解题思路】

解题思路 5 "与其考虑相加，不如考虑相乘"

解题思路 6 "相对比较"

解题思路 9 "等值替换"

首先，我们把"a^2-a 能够被 10000 整除"这个方程式给列出来。在这里，a^2-a 能够被 10000 整除和"a^2-a 是 10000 倍数"是同一个意思。

那么，我们可以列出如下方程式（数字翻译）

$$a^2-a=10000n \quad （n \text{ 为整数}）$$

"但是，在这个数字翻译当中，没有表达出来'a 是 3 以上 9999 以下的奇数'呀！"

如果你能想到这一点，说明你对数学已经相当敏锐。

我的想法和思路

至此，还没能将题意完美地用数字翻译出来

↓

一开始，还是不要追求这种完美的数字翻译吧

↓

由此，可以找出必要条件的范围！

是的，接下来我们要用到：

解题思路 9 "等值替换"

所谓"等值替换的意识"，就是"对必要条件和充分条件的意识"。如果我们能够意识到，之前所列出的方程式满足于必要条件的话，那么，即使这个数字翻译出来的方程式不能和题意等值，我们也可以先借助这个方程式，继续往下解题。

也就是说，a^2-a 的这个方程式，是"a^2-a 能够被 10000 整除的前提必要条件"。接下来，由于 a 是 3 以上 9999 以下的奇数，那么我们还要给出什么样的条件？

之前根据题意，数字翻译出来的方程式

$$a^2-a=10000n \quad （n \text{ 为整数}）$$

似乎没有给我们带来更多有用的信息。那么……

我的想法和思路

能够获得的信息不足……

↓

想要获得更多有用的信息！

↓

那么，将方程式当中两项相加的形式，
变形为两项相乘的形式！

如此说来，我们就要用到：

解题思路 5 "与其考虑相加，不如考虑相乘"

将方程式等号的左边因数分解，再将方程式等号的右边进行常数因数分解（常数相乘的形式）。10000 可以因数分解为 $10000 = 5^4 \cdot 2^4$。由此得出如下方程式：

$$a\,(a-1)\,=5^4 \cdot 2^4 n$$

如此一来，这个方程式带给我们的信息量就增加了，我们就可以找出相关的必要条件！

在上面这个方程式当中，等号右边是 5^4 乘以 2^4 的倍数，等号左边是 a 乘以 $a-1$。关于这道题，有一点虽然是人人都知道的，但是我们还是要来确认一下。那就是……

在整数当中，相邻的两个数字不能约分。

"不能约分"的意思就是说，这两个数字"不是同一个数字的倍数"。因此可以得知，a 和 $a-1$ 不可能同时是 $5^4 \cdot 2^4$ 的倍数，也就是说，在 a 和 $a-1$ 当中，一个是 5^4 的倍数，一个就是 2^4 的倍数。那么，哪个是哪个的倍数呢？

在这里，我们可以根据题目当中给出的条件 "a 是奇数"，来做出判断。作

为奇数的 a，不是 2^4 的倍数，那么是不是说，上述方程式要想成立的话，a 就得是 5^4 的倍数，$a-1$ 就得是 2^4 的倍数？不错，这就是我们要找的必要条件。我们将它列为方程式：

$$a = 5^4 p \,(p\ \text{为奇数}) \quad \cdots\cdots ①$$

$$a - 1 = 2^4 q \,(q\ \text{为整数}) \quad \cdots\cdots ②$$

由于 a 是 3 以上 9999 以下的奇数，那么，我们根据①式就可以得出：

$$3 \leqslant a \leqslant 9999$$

$$3 \leqslant 5^4 p \leqslant 9999$$

$$3 \leqslant 625 p \leqslant 9999$$

$$\frac{3}{625} \leqslant p \leqslant \frac{9999}{625}$$

$$0.004\cdots\cdots \leqslant p \leqslant 15.9\cdots\cdots$$

由于 p 是整数，且为奇数，那么就可以得出：

$$1 \leqslant p \leqslant 15 \quad \cdots\cdots ③$$

到了这一步，必要条件的范围基本上就算找到了。那接下来又该怎么样呢？我们必须把 1~15 的奇数全部代入到 p 当中进行确认。但是，这么做太麻烦了。

我的想法和思路

①式和②式是有关于**a**和**a-1**的条件式

↓

a和**a-1**是相邻的两个数字

↓

这么说的话，两个数字之间的差为"1"！

↓

我们可以试着用①式减去②式！

这么一想，就抓住关键了。不错，我们找到了两个数字之间可以用来比较的

"数字差"。于是，我们就要用到：

解题思路 6 "相对比较"

我们通过①式减去②式的减法运算来进行相对比较！这么一来的话，我们就可以去掉未知数 a，得出：

$$a-(a-1)=5^4p-2^4q$$

$$1=5^4p-2^4q$$

将方程式等号的左右两边相互调换，由于 $5^4=625$，$2^4=16$，那么我们可以得出：

$$625p-16q=1$$

$$q=\frac{625p-1}{16}$$

$$=\frac{625}{16}p-\frac{1}{16}$$

$$=39\frac{1}{16}p-\frac{1}{16}$$

$$=\left(39+\frac{1}{16}\right)p-\frac{1}{16}$$

$$=39p+\frac{p-1}{16}$$

由于 q 是整数，整数是不会变成以上这个样子的，那么在③式 $1\leqslant p\leqslant 15$ 的范围当中，p 就只能是：

$$p=1$$

像这样，我们根据必要条件找出限定的范围，于是就找到本题的唯一答案。这个时候，我们根据①式就可以得出：

$$a=5^4\times 1=625$$

但是，这还只是在必要条件下得出的数值。我们把它放到充分条件下来进行最后的确认。

当 $a=625$ 的时候，a 的确是 3 以上 9999 以下的奇数，并且，由于：

$$a（a-1）=625×624=5^4×2^4×39=10000×39$$

我们可以确认，a^2-a 能够被 10000 整除。

由此，我们求得最终的答案为：

$$a=625$$

综合习题④　证明圆周率大于3.05。

[东京大学　2005年]

【在这道题当中能够用到的解题思路】

解题思路 7 "归纳性的思考实验"

解题思路 8 "数学问题的图像化"

解题思路 10 "通过终点来追溯起点"

实际上这道题很简单。从我个人来说，我很喜好这样的证明题，但是整个证明的过程有些复杂。首先，我们来复习一下什么是圆周率。

我的想法和思路

从字面上来看，圆周率是"圆周"的比率，

那么是不是和圆周有关？

↓

圆周＝直径×圆周率（π）

↓

那么，如果半径为1的话，圆周就是2π

↓

想要证明"3.05＜π"的话

↓

那么证明"6.10＜2π"就可以了

如此，我们就把证明 6.10＜2π 作为目标。由于这道题是证明题，那我们就可以用到：

解题思路 10 "通过终点来追溯起点"

虽说是要证明 6.10＜2π，但是目前还没有找到具体的思路。于是：

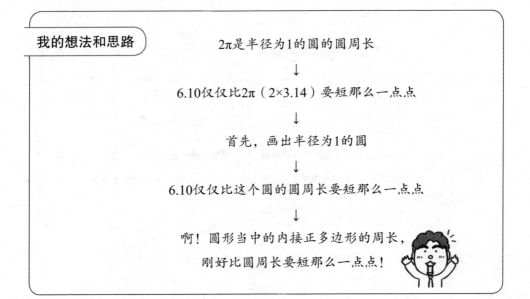

是的，在这里我们就要用到：

解题思路 8 "数学问题的图像化"

既然想到了半径为 1 的圆的圆周长，那么很自然地就能够想到画图。首先，我们在草稿纸上画出如下图形。

根据图形，我们很容易看出：

$$正\ n\ 边形的周长 < 圆周长$$

那么，假设半径为 1 的圆的内接正 n 边形的周长为 l，圆周长又是 2π，我们很容易就可以得出：

$$l < 2\pi$$

在这里，我们即使找不到周长刚好为 6.10（$l = 6.10$）的正 n 边形也没有关系，因为，只要 $A > C$ 且 $C > B$，我们就能够证明 $A > B$。如此，我们只要找到 C 就足够了。

> 比如说，A 同学的考试分数比 C 同学的高，C 同学的考试分数又比 B 同学高，那么，不需要把 A 同学和 B 同学的考试分数拿出来直接比较，我们也能够很容易判断 A 同学比 B 同学的分数高。

也就是说，我们需要找到一个周长 l 大于 6.10 的适当的正 n 边形。

$$6.10 < l$$

我的想法和思路

那么几边形是最为合适的呢？

↓

不确定

↓

可以试着画出几个正多边形！

这么说的话，我们就要用到：

解题思路 7 "归纳性的思考实验"

我们把具体的数字代入到 n 当中来试试看。

在正四边形（$n＝4$）的情况下：

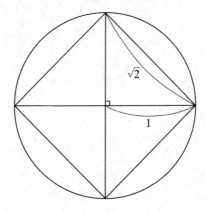

从图上我们可以看出，正四边形的一条边的边长为$\sqrt{2}＝1.4142\cdots\cdots>1.41$，由此可以得出，正四边形的周长为：

$$l＝4\times\sqrt{2}>4\times1.41＝5.64$$

在这里，我们用到了$\sqrt{2}$的近似值。实际上，像下面的这些近似值都很有名：

$$\sqrt{2}＝1.41421356\cdots\cdots$$
$$\sqrt{3}＝1.7320508\cdots\cdots$$
$$\sqrt{5}＝2.2360679\cdots\cdots$$

在这本书当中，从头到尾我都在说强记那些解题方法是没有意义的。与其死记硬背那些解法和公式，不如记住这样的近似值。

从上面的结果当中我们可以看到，正四边形的周长 l 比预计中的 6.10 还差一截。

那么接下来，正六边形（$n＝6$）又会怎么样呢？

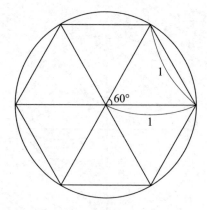

从图上我们可以看出，正六边形的周长为：

$$l = 6 \times 1 = 6$$

还是比 6.10 要小一些。

于是，我们有必要找一个大一点的数值代入到 n 当中。如果想要求出半径为 1 的圆的内接正多边形的边长，那么，圆心和各顶点之间所连成的等腰三角形的顶角的角度，就必须是一个合适的数值（30°，45°，60°，90°）。我们可以考虑一下圆心和各顶点之间所连成的等腰三角形的顶角为 30°的情况下，是正十二边形（$n=12$）。

我们来算一下正十二边形的边长 x。根据三角余弦定理，我们很快就能够得出 x 的数值。但是在这里，我们不用三角余弦定理，而是用勾股定理来求，那我们就要做辅助线。是做平行辅助线，还是垂直辅助线呢？如下图所示，我们画一条辅助线，通过 B 点且垂直于 OA。当直角三角形的一个角的角度为 30°的时候，各边长的比率为 $1 : 2 : \sqrt{3}$，又因为 $OB = 1$，于是我们就可以画出如下图形。

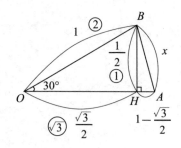

如图中所示，$BH = \dfrac{1}{2}$，$OH = \dfrac{\sqrt{3}}{2}$，且 $OA = 1$，由此可以得出：

$$HA = OA - OH = 1 - \frac{\sqrt{3}}{2}$$

接下来，在 $\triangle BHA$ 当中，我们用勾股定理来计算 BA 边的边长 x。

$$x^2 = \left(1 - \frac{\sqrt{3}}{2}\right)^2 + \left(\frac{1}{2}\right)^2$$

$$= 1 - \sqrt{3} + \frac{3}{4} + \frac{1}{4}$$

$$= 2 - \sqrt{3}$$

由此可以得出 x 的数值为：

$$x = \sqrt{2 - \sqrt{3}} = \sqrt{\frac{4 - 2\sqrt{3}}{2}}$$

$$= \sqrt{\frac{3 - 2\sqrt{3} + 1}{2}} = \sqrt{\frac{(\sqrt{3} - 1)^2}{2}}$$

$$= \frac{\sqrt{3} - 1}{\sqrt{2}} = \frac{\sqrt{6} - \sqrt{2}}{2}$$

$$= \frac{\sqrt{2}\,(\sqrt{3} - 1)}{2}$$

> 看了以上方程式变形，也许你会觉得这是一种很有策略、狡猾多变的变形方式。实际上，这只是二重根式下的标准变形。

接下来，我们把近似值代入到算式当中进行计算。由于 $\sqrt{2} > 1.41$，$\sqrt{3} > 1.73$，我们可以得出：

$$x = \frac{\sqrt{2}\,(\sqrt{3} - 1)}{2} > \frac{1.41 \times (1.73 - 1)}{2} = \frac{1.41 \times 0.73}{2} = 0.51465$$

在这里，由于替换 $\sqrt{2}$ 和 $\sqrt{3}$ 的近似值，比 $\sqrt{2}$ 和 $\sqrt{3}$ 要小，所以通过整个算式所得出的数值也就变小了。

也就是：

$$x>0.51$$

那么，这个正十二边形的周长会不会大于 6.10 呢？由于 l 是 x 的 12 倍，那么我们很容易就能够算得出来：

$$l=12x>12\times0.51=6.12$$

如此可以得出，l 大于 6.10！

从图上我们能够看出，半径为 1 的圆的周长，要大于其内接正十二边形的周长，也就是 $l<2\pi$。由此可以得出：

$$6.10<l<2\pi$$

那么也就是：

$$6.10<2\pi$$

$$\therefore 3.05<\pi$$

（证明结束）

结束语

本书当中所涉及的主要都是初中到高一的数学课程（其中也有超出的部分），这主要是考虑到有很多人并不擅长于数学，所以才尽量减少相关的知识量。然而，我想读者们现在最关心的就是：

"这本书当中给出的解题思路，在往后高年级的数学当中是否也能用得上？"

答案是 Yes。在本书的第 3 部分当中，我给大家讲解了 10 种解题的思路。我把这些解题思路和其他类型数学问题的联系，都一一对应写在了后面。

在以下列出的类型当中也许有很多大家所不熟悉的，但是这无关紧要。只要大家能够感觉到：

"啊，原来在各种情况下都能够用到嘛！"

这就足够了。

解题思路 1 "降低次方和次元"

- 拉格朗日定理
- 三角函数半角公式
- 三角函数乘法公式和加法公式
- 空间向量
- 三角函数的积分
- 部分积分
- 凯莱 – 哈密尔顿定理
- 三角函数的积分

解题思路 2 "寻找周期和规律性"

- 三角函数的图像

- 递推公式
- n 次导函数
- 部分积分
- 行列的 n 次方

解题思路 3 "寻找对称性"

- 解和系数的关系
- 3 次函数的图像
- 偶函数和奇函数的积分

解题思路 4 "逆向思维"

- 对数
- 积分
- 反函数
- 反行列

解题思路 5 "与其考虑相加，不如考虑相乘"

- 等式、不等式的证明
- 式变形

解题思路 6 "相对比较"

- 差分数列
- 递推公式
- 向量的分解

解题思路 7 "归纳性的思考实验"

- 数学归纳法
- 分数递推公式

· 整数问题

解题思路 8 "数学问题的图像化"

· 轨迹和领域

· 三角方程式、三角不等式

· 函数的趋向、极限、图像

· 定积分和面积

· 函数的最大值和最小值

· 向量的内部乘积

· 向量的方程式

· 数列的极限

· 中间值定理

· 平均值定理

· 极限坐标和极限方程式

解题思路 9 "等值替换"

· 恒等式

· 等式、不等式的证明

· 三角方程式

· 指数方程式

· 对数方程式

· 极限的条件决定了系数

解题思路 10 "通过终点来追溯起点"

· 证明题（全部）

在实际解题当中，这 10 种解题思路并不限于我所列出的这些类型，而是在各种情况下都能够发挥作用。只要掌握了这些解题思路，在今后的学习当中，你一定会发现：

"啊，在这里也能用得上！"

总之，数学的世界是无限宽广的。只要你按照这本书上说的去做，掌握正确的学习方法和态度，掌握这 10 种解题的思路，就能够站到更高的地方来感受数学世界的宽广。如果你有勇气踏出这第一步，走向数学的美好世界的话，对于笔者来说也是一件值得欣慰的事情。

在数学的学习中，要有一个"自由的学习环境"

我在上高中的时候，就能够掌握之前所说的学习方法，这主要还是由于当时我所处的环境决定的，也就是说，这是父母和老师的恩赐。

家父是东京大学信息科学方面的专家学者。每当周日，我会把一周积攒下来的问题拿来向父亲请教。然而，虽说是专家学者，但是对于高中数学的内容，父亲也差不多都忘了。因此，父亲的回答并不是"教给我什么知识"，而是一起来"思考"。对于各种问题，父亲都会给出大概的条理和启发，从而使我确信：

"啊，原来不背解题方法也能够学好数学。"

另外，由于家母的性格特别开朗、天真烂漫，所以，不管当年的我考了多烂的成绩，她都不会骂我。

"考的分数还真低呀！（笑）"

于是，两个人一起笑，最后就一笑了之，不再斥责。母亲也从来没有督促过我，没有对我说过让我"赶紧学习"的话。所以对当年的我来说，学习并不是一种"勉强和强迫"。从母亲那里，我获得了足够的信任，于是我能够自由、快乐地学习。

另外，高中的时候，虽然我的数学成绩很差，但是数学老师总喜欢把手放在我的肩膀上对我说："你很不错！"（但是不会给我加分）因为我当时的数学成绩真的很差，所以我也不知道老师说这话的真正意思。不过说实话，当年我还真没"背过"什么解题方法，考试的时候，都是通过定理和公式的证明来答题。也许老师说我不错，是说我这种轻松的学习方法。

总之，当年的我，在学习上真的很自由。

"必须给我背下来！"

"必须给我考出好的成绩！"

当年，像这样的监督和约束，我从来没有感受过。我学习数学不是被强迫的，而是带着兴趣去学的。我想这在高中生当中几乎就是一个奇迹。但是成年人就不一样了，每个成年人都拥有"自由的环境"，没有人强迫，完全可以凭着兴趣去学习数学。在今后的数学学习当中，我希望大家都能够有一个自由的环境。

在书页的末尾，我要感谢为本书绘制插图的北见隆二先生，这些插图使得书中的内容更加容易理解。同时要感谢为本书设计封面和正文部分的萩原弦一郎先生。另外，还要感谢钻石社的横田大树先生，能够给作为晚辈的我这样一个机会。对于这三位先生，我表示由衷感谢。

永野裕之

书　名：《写给所有人的编程思维》

作　者：[英]吉姆·克里斯蒂安

出版社：北京日报出版社

定　价：45.00元

每个人都应该学会编程，因为它教会你思考。

——史蒂夫·乔布斯

　　将生活和逻辑紧密联系在一起，一副骰子、一副扑克牌，甚至一支铅笔、一张纸，让孩子以简单、科学的方式学会编程思维；

　　内容易于孩子理解，每一个编程思维训练都有详细解释，有的还有详细图解，帮助孩子了解编程思维的过程；

　　附有相应插图，彩色印刷，让孩子读起来更加亲切、有趣，容易理解较难的知识点。

书名:《不可思议的烧脑游戏书》

作者:[英]查尔斯·菲利普斯

出版社:北京日报出版社

定价:45.00 元

英国皇室顾问、知名智力专家查尔斯·菲利普斯人气之作;

源自英国,风靡全球,无数人为之着迷的经典之作!

---

　　100 个烧脑游戏,60 条健脑知识,让你的思维越来越活跃,让大脑越来越聪明;

　　附有相应插图,彩色印刷,难度层层递增,同步提升你的记忆力、观察力、专注力逻辑力和想象力,让你练就超强大脑;

　　随书附"动动脑筋",进一步拓展和提高记忆力。后附详细解析,全面提升大脑思维能力。

书名：《神奇的逻辑思维游戏书》
作者：[日]索尼国际教育公司
出版社：北京日报出版社
定价：45.00元

日本索尼国际教育（Sony International Education）为日本 5~13 岁儿童精心编制的逻辑思维游戏书；

通过 55 堂思维游戏课激活孩子逻辑脑，为孩子未来学习编程打下良好基础；

将生活和逻辑紧密联系在一起，让孩子以简单、科学的方式养成逻辑思维习惯；

内容易于孩子理解，每道逻辑思维题后都附有详细图解，帮助孩子了解每道题的思维逻辑；

附有相应插图，彩色印刷，让孩子读起来更加亲切、有趣，容易理解较难的知识点；

日本久负盛名的脑科学专家茂木健一郎氏倾力推荐；